영재성검사·창의적 문제해결력 평가 대비

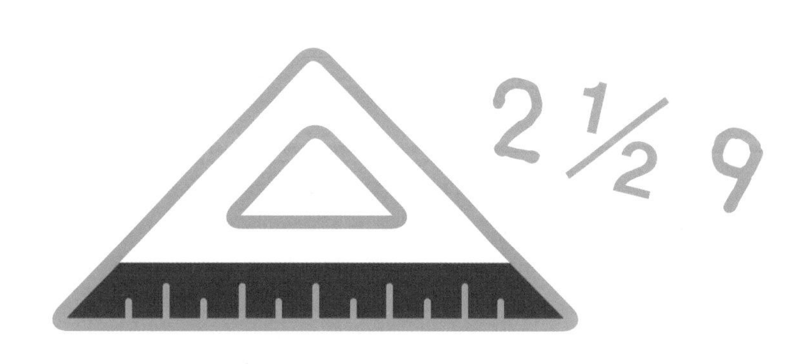

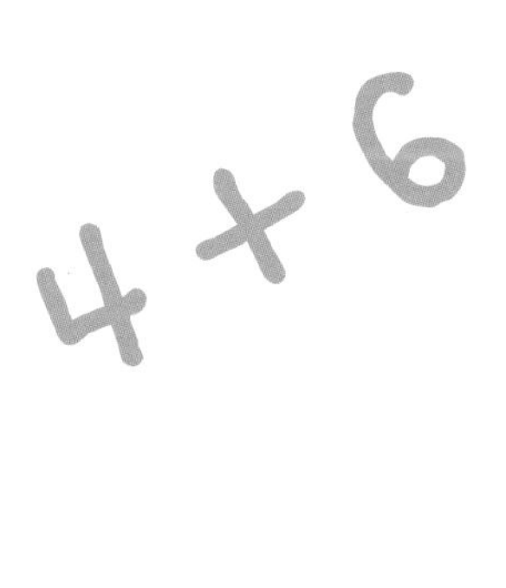

이 책을 펴내며

영재교육의 양적 확대를 넘어 질적 도약을 위하여 내실화 방안에 더욱 중점을 두었던 '제3차 영재교육진흥종합계획(2013~2017)'이 2017년에 마무리됨에 따라, 교육부는 2018년 빠르게 변화되고 있는 산업구조에 대응하기 위한 '제4차 영재교육진흥종합계획(2018~2022)'을 발표하였다. 제4차 영재교육진흥종합계획은 인공지능(AI), 사물인터넷(IoT), 클라우드(Cloud), 빅데이터(Big Data), 무선통신(Mobile) 등의 지능정보기술을 통하여 4차 산업혁명에 대응하기 위한 영재교육 시스템을 마련하고 새로운 영재교육 비전과 국가의 미래를 견인할 창의·융합형 인재 양성을 위한 영재교육의 혁신에 그 초점을 두고 있다.

빅데이터와 정보통신기술(ICT) 기술 등의 4차 산업혁명의 도래로 인해 교육환경에도 많은 변화가 예견되는데, 특히 이러한 교육환경의 대비를 위해서는 수학·과학에 중점을 둔 융합적 사고력(MS-STEAM Thinking)이 요구된다. 융합사고 능력은 직관적 통찰 능력, 정보의 조직화 능력, 공간화 및 시각화 능력, 수·과학적 추상화 능력, 수·과학적 추론 능력과 일반화 및 적용 능력의 다양한 문제해결 능력과 그 반성적 사고를 필요로 한다.

본 교재는 융합사고 능력을 높일 수 있는 학습을 위하여 사회와 자연현상, 인구, 공해, 범죄, 환경, 인간의 생활 등에서 나타나는 다양한 주제들을 가지고 교과 영역 간을 연계한 교과 연합의 융합사고력(다학문적 융합사고) 문제들을 다루며, 동시에 다양한 내용의 탈교과적 주제 속에서 문제를 발견하고, 탐구과정을 통한 문제해결 능력을 향상시키는 교과 초월 융합사고력(탈학문적 융합사고) 문제들을 다루고 있다. 본 교재를 통하여 융합사고 능력의 향상에 도움이 되었으면 한다.

한국영재교육학회 이사 김단영
전) 연세대학교 미래융합연구원 공학계열 교수

최근 영재교육원 선발 시험인 〈창의적 문제해결력 평가〉 문제의 특징은 단순한 수리계산이나 단편적 사고력 수학 유형의 문제가 아니라 복합적이고, 실생활과 연계된 긴 지문의 문제들이 출제되고 있다. 본 교재에서는 최근 5년간 시도교육청·대학부설 영재교육원에서 실제로 출제된 기출문제와 기출문제를 변형한 유형의 문제를 다수 수록했다. 또한 기출문제를 분석하여 앞으로 영재교육원 시험을 대비할 수 있는 수준 높은 문제들로 구성하였다.

수학 퍼즐 유형은 〈창의적 문제해결력 평가〉에서 매년 빠지지 않고 꾸준히 출제되는 유형 중의 하나이다. 수학 퍼즐은 학습에 의해서 훈련된 학생을 지양하는 영재교육생 선발 방침에 적합한 문제이다. 수학 퍼즐은 선행학습의 양과 무관하게 학생이 가진 수리 지능, 공간 지능, 논리·추리능력과 같은 수학적 사고력뿐만 아니라 언어능력까지 평가할 수 있는 도구이다. 본 교재에서는 영재교육원 시험에서 출제된 문제뿐만 아니라 앞으로 출제 가능한 유형의 수학 퍼즐 문제들을 다수 포함했다.

초등학생들을 대상으로 하는 수학 대회는 크게 2가지가 있다. 교과와 교과심화지식을 평가하는 수학학력평가(경시대회)와 수학적 창의성을 평가하는 수학 창의력 대회이다.
국내 초등 수학 창의력 대회는 3~4개 정도가 있고, 전 세계 학생들을 대상으로 하는 대회도 2~3개 정도가 있다. 수학 창의력 대회 문제는 본질적으로 영재교육원 선발 시험 문제와 유형과 성격이 유사하다. 본 교재에서는 다양한 수학 창의력 대회에서 출제된 기출 유형 문제들을 수록하여 영재교육원 시험과 수학 창의력 대회 준비를 함께 할 수 있도록 하였다.

원장 정영철

창의적 사고를 위한 요소

발산적 사고(Divergent Thinking)의 유형

발산적 사고는 기존의 지식에서 벗어나 자유롭게 새로운 아이디어를 생각해 내는 것이다.

☆ 유창성 : 주어진 문제의 해결 방안을 얼마나 많이 찾아내는가?

특정한 문제 상황이나 주제에 대해 주어진 시간 안에 많은 양의 아이디어나 해결책을 만드는 능력

Q 우리의 생활이나 산업에서 로봇을 활용할 수 있는 용도를 가능한 많이 쓰시오.

☆ 융통성 : 한 가지 문제에 얼마나 다양하게 접근하는가?

어떤 문제를 해결하거나 아이디어를 낼 때 한 가지 방법에 집착하지 않고, 여러 가지 방법으로 접근하여 해결하려고 하는 능력

Q 영재는 산에 올라가면 기압이 낮아서 밥이 잘 안 된다고 배웠습니다. 산에 올라가면 기압이 낮아지고 밥이 잘 안 되는 이유는 무엇인가요? 산에서 밥이 잘 되게 하려면 어떻게 해야 할까요?

☆ 독창성 : 얼마나 새로운 방법으로 문제를 해결하는가?

기존의 사고에서 탈피하여 희귀하고 참신하며 독특한 아이디어나 해결책을 생각하는 능력

Q 손과 발을 쓰지 않고 냉장고 문을 열 수 있는 방법을 쓰시오.

☆ 정교성 : 문제를 얼마나 정확히 이해하고 정교하게 해결하는가?

주어진 문제를 자세히 검토하여 문제에 포함된 의미를 명확하게 파악하고, 부족한 부분을 찾아 보완하고 정교하게 다듬는 능력

Q 사람이 더 편하게 살 수 있는 집을 설계한 후 각 부분의 필요성을 쓰고, 더 보완해야 할 부분을 생각하여 쓰시오.

수렴적 사고(Convergent Thinking)의 유형

수렴적 사고는 주어진 정보들을 비교, 분석, 선택하여 가장 효율적인 해결책을 찾는 것이다. 일반적으로 수렴적 사고는 창의성과 관련이 없는 것으로 여겨지기도 한다. 그러나 발산적 사고를 통해 생성된 아이디어들 중에서 최선의 답을 선택하기 위해서는 수렴적 사고가 요구되기 때문에 수렴적 사고는 발산적 사고와 함께 창의적 산출물 생성 과정에 꼭 필요한 과정으로 평가된다.

☆ **정합성** : 개념과 지식이 논리적이고 합리적이며 일관성 있게 연결되어 모순이 없다.

☆ **통합성** : 구조를 이루고 있는 구성물의 수가 많을수록 통합적이다.

☆ **단순성** : 하나의 커다란 구조로 묶이면서 그 구조 속에 질서가 있어 복잡하지 않다.

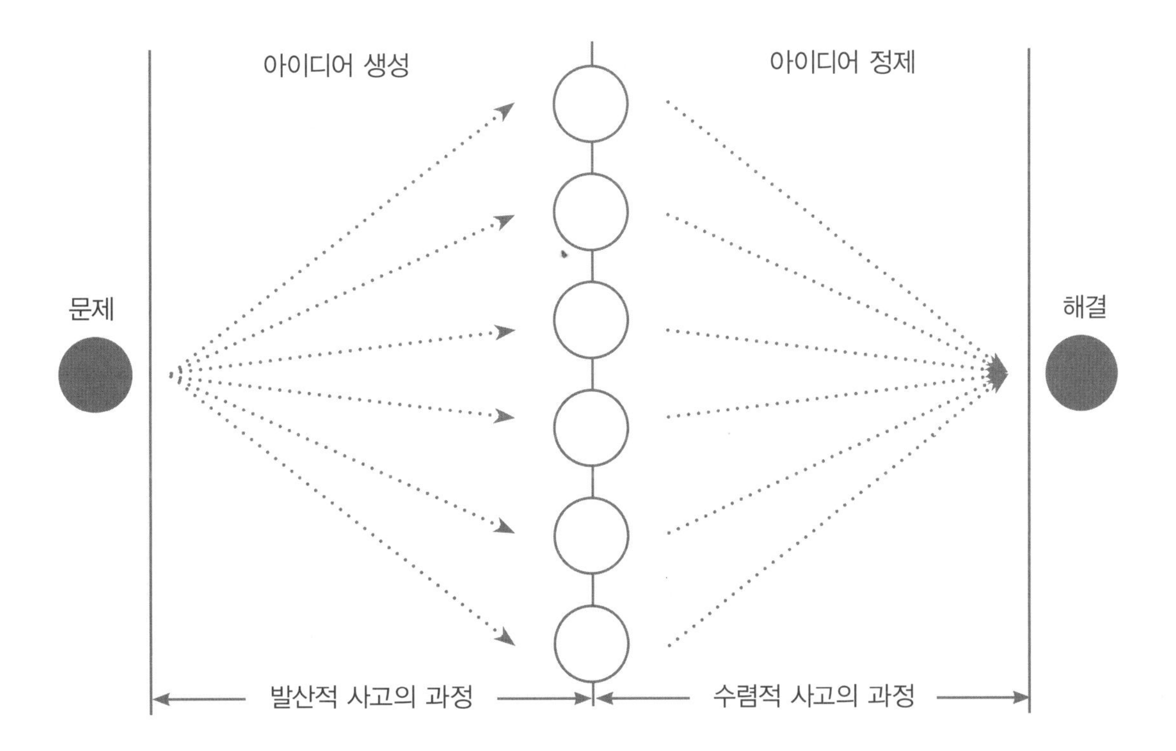

구성과 특징

3강 도형과 측정 ①

일반 창의성

01 다음 글이 나타내는 수학 개념을 쓰고, 생활 속에서 이와 같은 모양이나 상태를 찾을 수 있는 곳을 5가지 서술하시오.

우린 만난 적도 없지만 헤어진 적도 없지.
언젠가 만나고 싶어.

- 수학 개념 :
- 생활 속에서 모양이나 상태를 찾을 수 있는 곳

❶

❷

❸

❹

❺

30 안쌤의 맛있는 영재 수학 초등 4학년

일반 창의성

영재성검사, 창의적 문제해결력 평가에서 출제되고 있는 일반 창의성 문제 유형입니다. 유창성, 융통성, 독창성 등을 주로 평가하는 문제 유형으로 수학 또는 과학 개념을 활용한 답안으로 독창성 점수를 받을 수 있습니다. 기출 유형으로 연습할 수 있도록 구성하였습니다.

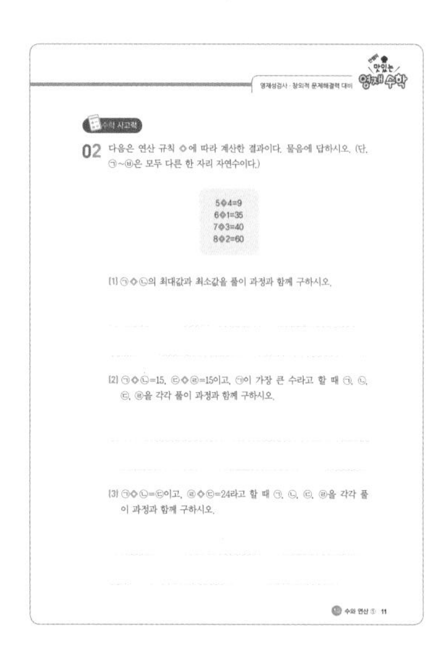
영재성검사 · 창의적 문제해결력 대비

수학 사고력

02 다음은 연산 규칙 ◇에 따라 계산한 결과이다. 물음에 답하시오. (단, ㉠~㉥은 모두 다른 한 자리 자연수이다.)

5◇4=9
6◇1=35
7◇3=40
8◇2=60

(1) ㉠◇㉡의 최대값과 최소값을 풀이 과정과 함께 구하시오.

(2) ㉠◇㉡=15, ㉢◇㉣=15이고, ㉠이 가장 큰 수라고 할 때 ㉠, ㉡, ㉢, ㉣을 각각 풀이 과정과 함께 구하시오.

(3) ㉠◇㉡=㉢이고, ㉣◇㉢=24라고 할 때 ㉠, ㉡, ㉢, ㉣을 각각 풀이 과정과 함께 구하시오.

수와 연산 ① 11

수학 사고력

영재성검사, 창의적 문제해결력 평가, 창의탐구력 검사에 출제되는 문제 유형입니다. 교과 개념과 관련된 사고력 문제 유형으로 개념 이해력을 평가할 수 있고, 창의사고력과 관련된 심화사고력 문제 유형으로 개념 응용력을 평가할 수 있도록 구성하였습니다.

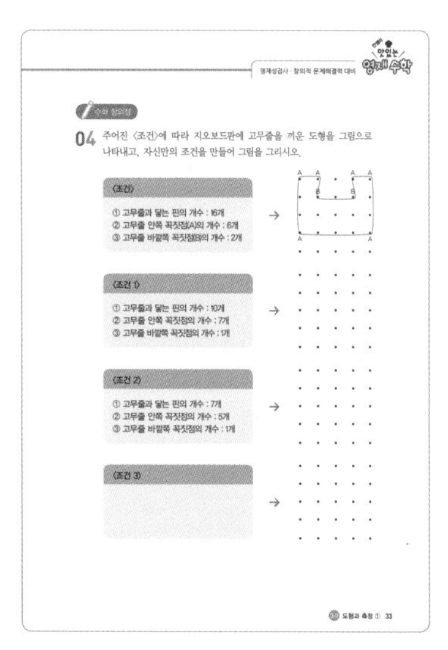
영재성검사 · 창의적 문제해결력 대비

수학 창의성

04 주어진 〈조건〉에 따라 지오보드판에 고무줄을 끼운 도형을 그림으로 나타내고, 자신만의 조건을 만들어 그림을 그리시오.

〈조건〉
① 고무줄과 닿는 핀의 개수 : 16개
② 고무줄 안쪽 꼭짓점(A)의 개수 : 6개
③ 고무줄 바깥쪽 꼭짓점(B)의 개수 : 2개

〈조건 1〉
① 고무줄과 닿는 핀의 개수 : 10개
② 고무줄 안쪽 꼭짓점의 개수 : 7개
③ 고무줄 바깥쪽 꼭짓점의 개수 : 1개

〈조건 2〉
① 고무줄과 닿는 핀의 개수 : 7개
② 고무줄 안쪽 꼭짓점의 개수 : 5개
③ 고무줄 바깥쪽 꼭짓점의 개수 : 1개

〈조건 3〉

도형과 측정 ① 33

수학 창의성

영재성검사, 창의적 문제해결력 평가에 출제되는 문제 유형입니다. 창의성 평가 요소 중 유창성과 독창성 및 융통성을 평가할 수 있는 창의성 문제 유형으로 구성하였습니다. 유창성은 원활하고 민첩하게 사고하여 많은 양의 산출 결과를 내는 능력으로, 제한 시간 안에 의미 있는 아이디어를 많이 쏟아내야 합니다. 독창성은 새롭고 독특한 아이디어를 산출해 내는 능력으로, 유창성 점수를 받은 아이디어 중 특이하고 새로운 방식의 아이디어인 경우 추가로 점수를 받을 수 있습니다. 융통성은 아이디어의 범주의 수를 의미하며, 다양한 각도에서 생각해야 합니다.

2강 수와 연산 ②

영재성검사 · 창의적 문제해결력 대비

융합 사고력

07 다음 글을 읽고 물음에 답하시오.

유리잔으로 연주하는 글라스 하프

글라스 하프는 서로 다른 음높이로 조율한 여러 개의 유리잔 테두리를 젖은 손가락으로 문질러 연주하는 악기이다. 젖은 손가락으로 유리잔 가장자리를 문지르면 유리잔이 진동하면서 물을 진동시켜 소리가 난다. 유리잔이 크고 물의 양이 많을수록 진동하는 횟수가 적어 낮은 소리가 나고, 유리잔이 작고 물의 양이 적을수록 진동하는 횟수가 많아 높은 소리가 난다.

(1) 모양과 크기가 같은 유리컵에 색소 물을 넣어서 도레미파솔라시도 음을 만들려고 한다. 유리컵에 물 120 mL를 넣고 문질렀더니 낮은 도 음이 났고, 60 mL를 넣고 문질렀더니 높은 도 음이 났다. 음과 진동수의 관계를 바탕으로 솔 음을 만들 때 필요한 물의 양을 풀이 과정과 함께 구하시오.

음	도	레	미	파	솔	라	시	도
진동수(회/초)	260	290	330	350	390	440	500	520
물의 양(mL)	120							60

(2) 글라스 하프처럼 주변의 물체로 악기를 만들고 음을 다르게 할 수 있는 방법을 서술하시오.

• 악기 모양

• 음을 다르게 하는 방법

26 안쌤의 맛있는 영재 수학 초등 4학년

수와 연산 ② 27

융합사고력

창의적 문제해결력 평가와 창의융합수학 대회에 출제되는 신유형의 융합사고력 문제입니다. 융합사고력 문제는 단계적 문제 유형이며, 첫 번째 문제로 문제 이해력을 평가하고, 두 번째 문제로 실생활과 연관된 문제 해결력을 평가할 수 있도록 구성하였습니다.

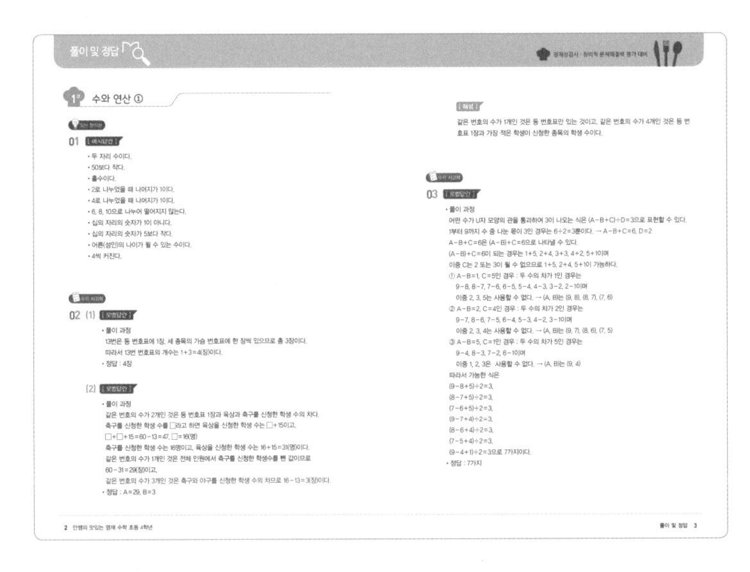
풀이 및 정답

영재성검사 · 창의적 문제해결력 평가 대비

1강 수와 연산 ①

01 [예시답안]

• 두 자리 수이다.
• 50보다 작다.
• 홀수이다.
• 2로 나누었을 때 나머지가 1이다.
• 4로 나누었을 때 나머지가 1이다.
• 6, 8, 10으로 나누어 떨어지지 않는다.
• 십의 자리의 숫자가 1이 아니다.
• 십의 자리의 숫자가 5보다 작다.
• 어른(성인)의 나이가 될 수 있는 수이다.
• 4씩 커진다.

02 (1) [모범답안]

• 풀이 과정
13번은 등 번호표에 1장, 세 종목의 가슴 번호표에 한 장씩 있으므로 총 3장이다.
따라서 13번 번호표의 개수는 $1+3=4$(장)이다.
• 정답 : 4장

(2) [모범답안]

• 풀이 과정
같은 번호의 수가 2개인 것은 등 번호표 1장과 육상과 축구를 신청한 학생 수의 차다.
축구를 신청한 학생 수를 □라고 하면 육상을 신청한 학생 수는 □+15이고,
$□+□+15=60-13=47$, $□=16$(명)
축구를 신청한 학생 수는 16명이고, 육상을 신청한 학생 수는 $16+15=31$(명)이다.
같은 번호의 수가 1개인 것은 전체 인원에서 축구를 신청한 학생수를 뺀 값이므로
$60-31=29$(장)이고,
같은 번호의 수가 3개인 것은 축구와 야구를 신청한 학생 수의 차므로 $16-13=3$(장)이다.
• 정답 : $A=29$, $B=3$

[해설]

같은 번호의 수가 1개인 것은 등 번호표만 있는 것이고, 같은 번호의 수가 4개인 것은 등 번호표 1장과 가장 적은 학생이 신청한 종목의 학생 수이다.

03 [모범답안]

• 풀이 과정
어떤 수가 U자 모양의 관을 통과하여 3이 나오는 식은 $(A-B+C)÷D=3$으로 표현할 수 있다.
1부터 9까지 수 중 나눈 몫이 3인 경우는 $6÷2=3$뿐이다. → $A-B+C=6$, $D=2$
$A-B+C=6$은 $(A-B)+C=6$으로 나타낼 수 있다.
$(A-B)+C=6$이 되는 경우는 $1+5$, $2+4$, $3+3$, $4+2$, $5+1$이며
이중 C는 2 또는 3이 될 수 없으므로 $1+5$, $2+4$, $5+1$이 가능하다.
① $A-B=1$, $C=5$인 경우 : 두 수의 차가 1인 경우는
$9-8$, $8-7$, $7-6$, $6-5$, $5-4$, $4-3$, $3-2$, $2-1$이며
이중 2, 3, 5는 사용할 수 없다. → (A, B)는 (9, 8), (8, 7), (7, 6)
② $A-B=2$, $C=4$인 경우 : 두 수의 차가 2인 경우는
$9-7$, $8-6$, $7-5$, $6-4$, $5-3$, $4-2$, $3-1$이며
이중 2, 3, 4는 사용할 수 없다. → (A, B)는 (9, 7), (8, 6), (7, 5)
③ $A-B=5$, $C=1$인 경우 : 두 수의 차가 5인 경우는
$9-4$, $8-3$, $7-2$, $6-1$이며
이중 1, 2, 3은 사용할 수 없다. → (A, B)는 (9, 4)
따라서 가능한 식은
$(9-8+5)÷2=3$,
$(8-7+5)÷2=3$,
$(7-6+5)÷2=3$,
$(9-7+4)÷2=3$,
$(8-6+4)÷2=3$,
$(7-5+4)÷2=3$,
$(9-4+1)÷2=3$으로 7가지이다.
• 정답 : 7가지

2 안쌤의 맛있는 영재 수학 초등 4학년

풀이 및 정답 3

풀이 및 정답

창의성 문제 유형에는 좋은 점수를 받을 수 있는 예시답안을 제시했고, 해설을 참고하여 자신의 답안을 수정 보완할 수 있도록 구성하였습니다. 수학 사고력과 융합사고력 문제 유형에는 풀이 과정과 정답을 제시했고, 해설은 핵심 개념을 활용하여 논리적으로 풀이 과정을 서술했는지 확인하며 수정 보완할 수 있도록 구성하였습니다.

C o n t e n t s

안쌤의 맛있는 영재 수학

2 1/2 9

4 + 6

1강

수와 연산 ①

1강 수와 연산 ①

일반 창의성

01 다음 수의 공통점을 10가지 서술하시오.

21 25 29 33 37 41 45 49

1

2

3

4

5

6

7

8

9

10

02

안쌤초등학교는 매년 이웃 학교와 축구, 야구, 육상 세 종목으로 대회를 한다. 안쌤초등학교 학생 중 60명이 자신이 원하는 한 종목에 참가 신청을 했다. 안쌤초등학교에서 참가자의 번호표를 만들 때, 등 번호표는 전체 참가자를 1번부터 순서대로 한 장씩 만들었고, 가슴 번호표는 종목별로 1번부터 순서대로 한 장씩 만들었다. 물음에 답하시오.

(1) 육상을 신청한 학생 수가 가장 많았고, 야구를 신청한 학생 수는 13명으로 가장 적었다. 13번은 모두 몇 장인지 구하시오.

(2) 등 번호표와 가슴 번호표를 합하면 같은 번호의 번호표 장수가 다음과 같다. A와 B를 풀이 과정과 함께 구하시오.

같은 번호의 수(개)	개수(장)	같은 번호의 수(개)	개수(장)
1	A	3	B
2	15	4	13

수학 사고력

03 어떤 수가 쓰여진 공이 다음과 같은 U자 모양의 관을 통과하면 여러 단계의 계산 과정을 거쳐 3이 적힌 공이 나온다. 계산식에는 1부터 9까지 수를 한 번씩만 사용할 수 있을 때 가능한 계산식은 모두 몇 가지인지 풀이 과정과 함께 구하시오. (단, 계산 과정에서 계산한 값도 1부터 9까지의 수이다.)

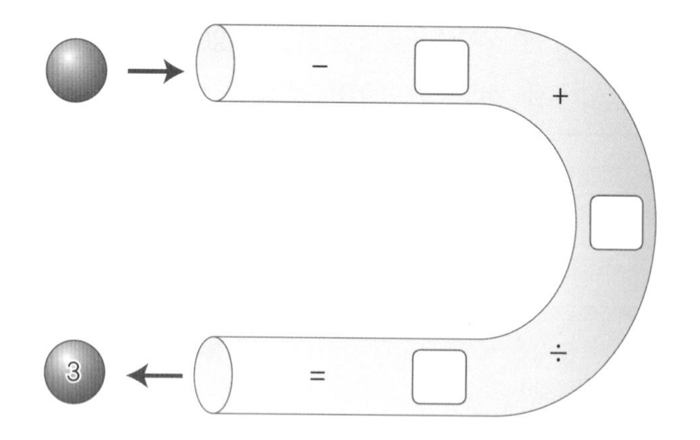

수학 사고력

04

다음은 연산 규칙 ◈에 따라 계산한 결과이다. 물음에 답하시오. (단, ㉠~㉥은 1부터 9까지의 수이다.)

5◈4=9
6◈1=35
7◈3=40
8◈2=60

(1) ㉠◈㉡의 최대값과 최소값을 풀이 과정과 함께 구하시오.

(2) ㉠◈㉡=15, ㉢◈㉣=15이고, ㉠이 가장 큰 수라고 할 때 ㉠, ㉡, ㉢, ㉣을 각각 풀이 과정과 함께 구하시오.

(3) ㉠◈㉡=㉢이고, ㉣◈㉢=24라고 할 때 ㉠, ㉡, ㉢, ㉣을 각각 풀이 과정과 함께 구하시오.

수학 창의성

05 고대 중국에서 1부터 9까지 무늬가 새겨진 거북의 등껍질을 발견하였는데 등껍질의 수를 어느 방향에서 더하여도 합이 15였다. 이처럼 가로, 세로, 대각선의 놓인 수의 합이 모두 같게 수를 배치하는 것을 마방진이라고 한다. 물음에 답하시오.

(1) 10부터 18까지 수로 다음 마방진을 완성하시오.

17		
15		

(2) 1부터 16까지 수로 다음 마방진을 완성하시오.

	2		13
5		10	
			12
4		15	

06 단위분수란 분자가 1인 분수이다. 1을 단위분수의 4개 이상의 합으로 나타낼 수 있는 방법을 5가지 구하시오. (단, 같은 단위분수는 2개까지만 사용할 수 있다.)

$1=\frac{1}{2}+\frac{1}{2}$ ← $\frac{1}{2}$을 2번 사용했으므로 가능

$1=\frac{1}{3}+\frac{1}{3}+\frac{1}{3}$ ← $\frac{1}{3}$을 3번 사용했으므로 불가능

$1=\frac{1}{2}+\frac{1}{4}+\frac{1}{4}$ ← $\frac{1}{2}$을 1번 사용하고, $\frac{1}{4}$을 2번 사용했으므로 가능

1

2

3

4

5

07 다음 글을 읽고 물음에 답하시오.

겨울철 산행

성인 인구의 약 62 %가 한 달에 한 번 이상 트레킹을 하거나 등산을 한다. 산에 가는 인구가 늘면서 12월부터 3월까지 산에서 발생하는 사고는 3천 건이 넘는다. 미끄럼에 의한 실족이나 추락 사고가 가장 많고, 그 외 조난과 심장마비와 같은 혈관 질환 사고가 많다. 이러한 사고는 대부분 산의 특성을 이해하지 못하고 준비 없이 산행할 때 나타난다. 겨울 산은 낮은 온도, 강한 바람, 변덕스러운 날씨, 빙판길 등 다양한 원인 때문에 다른 계절보다 순간적인 실수로 사고를 당하기 쉬우므로 조심해야 한다.

(1) 일반적으로 고도가 100 m 높아질 때마다 기온이 0.6 ℃씩 낮아진다. 겨울철 해발고도 1950 m인 한라산 정상의 온도가 1 ℃일 때 1000 m 아래인 해발고도 950 m인 곳의 온도는 몇 ℃일지 풀이 과정과 함께 구하시오.

(2) 최근 2년간 발생한 산행 사고는 총 13864건으로, 10396명의 인명피해가 발생했다. 이중 겨울철(12월~2월) 산행 사고가 17 %를 차지한다. 겨울 산행에는 빙판길 등 위험요소가 많은 만큼 각별한 주의가 필요하다. 겨울철 산행 사고를 예방할 수 있는 방법을 3가지 서술하시오.

1강

수와 연산 ①

안쌤의 맛있는 영재 수학

2 + 1/2 9

4 + 6

2강

수와 연산 ②

2강 수와 연산 ②

일반 창의성

01 $\frac{1}{10}$, $\frac{2}{10}$, $\frac{3}{10}$, …을 0.1, 0.2, 0.3, …으로 나타낼 수 있다. 이렇게 나타낸 것을 소수라고 하고, '.'을 소수점이라고 한다. 생활 속에서 소수나 소수점을 사용하는 경우를 5가지 서술하시오.

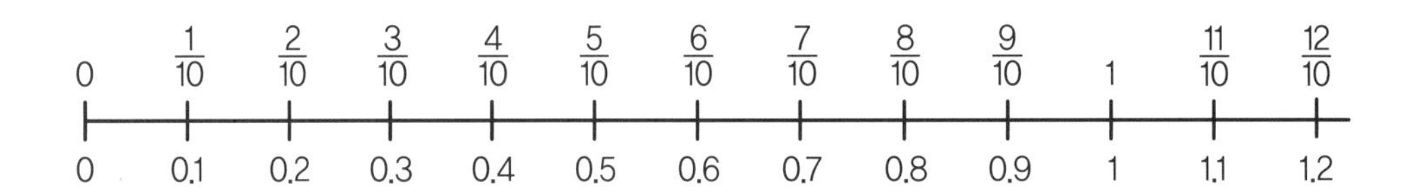

1

2

3

4

5

02 다음 〈보기〉처럼 아래쪽에 있는 두 수의 합을 위에 나열한다. A와 B의 수를 풀이 과정과 함께 구하시오. (단, A와 B는 자연수이다.)

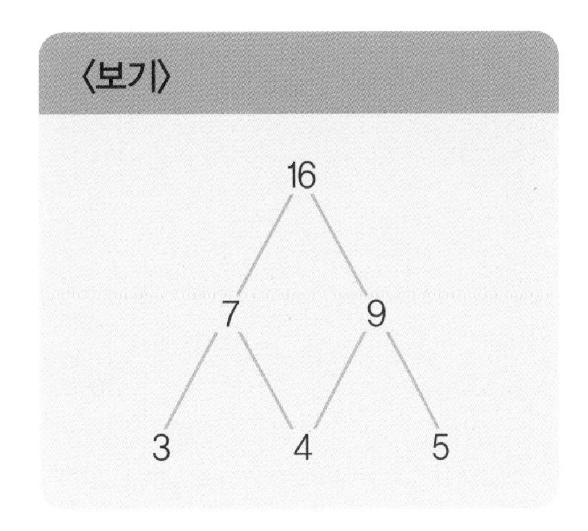

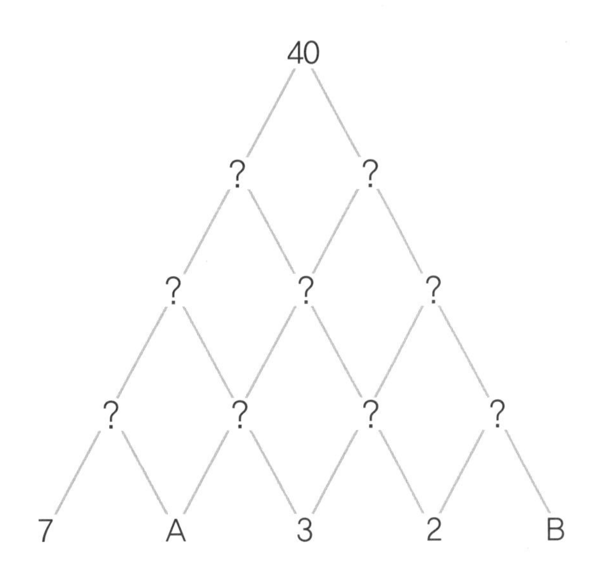

03

8개의 연속된 수의 합이 50보다 크고 130보다 작은 경우는 모두 몇 가지인지 풀이 과정과 함께 구하시오.

> 5개의 연속된 수의 합은 1씩 커지는 5개 수의 합을 말한다.
> 예 15=1+2+3+4+5

수학 사고력

04 어떤 책은 431쪽까지 있고, 각 쪽마다 쪽 번호가 있다. 물음에 답하시오.

(1) 쪽 번호에 숫자 0은 모두 몇 번 사용되는지 구하시오.

(2) 쪽 번호를 순서대로 나열하면 12345678910111213…으로 나타낼 수 있다. 이처럼 나타냈을 때 431번째 숫자를 구하고, 책의 몇 쪽에 있는 숫자인지 풀이 과정과 함께 구하시오.

(3) 쪽 번호로 가장 많이 사용된 숫자를 구하고, 모두 몇 번 사용되었는지 풀이 과정과 함께 구하시오.

수학 사고력

05 서현, 홍준, 수정 세 사람이 가지고 있는 구슬은 모두 36개이다. 서현이는 자신이 가지고 있던 구슬을 3묶음으로 똑같이 나누고 홍준이와 수정이에게 각각 한 묶음씩 주었다. 구슬을 받은 수정이는 서현이와 홍준이에게 구슬을 각각 2개씩 주었다. 마지막으로 홍준이가 수정이에게 구슬 1개를 주었더니 세 사람이 가지고 있는 구슬의 개수가 같아졌다. 처음 세 사람이 가지고 있던 구슬의 개수는 각각 몇 개인지 풀이 과정과 함께 구하시오.

수학 창의성

06

자연수 299는 각 자리에 있는 숫자의 곱이 100보다 크다. 300보다 작은 자연수 중에서 각 자리에 있는 숫자의 곱이 100보다 큰 수를 5가지 찾아 〈보기〉와 같이 나타내시오. (단, 299는 제외한다.)

〈보기〉

299 : 2×9×9=162

❶

❷

❸

❹

❺

07 다음 글을 읽고 물음에 답하시오.

유리잔으로 연주하는 글라스 하프

글라스 하프는 서로 다른 음높이로 조율한 여러 개의 유리잔 테두리를 젖은 손가락으로 문질러 연주하는 악기이다. 젖은 손가락으로 유리잔 가장자리를 문지르면 유리잔이 진동하면서 물을 진동시켜 소리가 난다. 유리잔이 크고 물의 양이 많을수록 진동하는 횟수가 적어 낮은 소리가 나고, 유리잔이 작고 물의 양이 적을수록 진동하는 횟수가 많아 높은 소리가 난다.

(1) 모양과 크기가 같은 유리컵에 색소 물을 넣어서 도레미파솔라시도 음을 만들려고 한다. 유리컵에 물 120 mL를 넣고 문질렀더니 낮은 도 음이 났고, 60 mL를 넣고 문질렀더니 높은 도 음이 났다. 음과 진동수의 관계를 바탕으로 솔 음을 만들 때 필요한 물의 양을 풀이 과정과 함께 구하시오.

음	도	레	미	파	솔	라	시	도
진동수(회/초)	260	290	330	350	390	440	500	520
물의 양(mL)	120							60

(2) 글라스 하프처럼 주변의 물체로 악기를 만들고 음을 다르게 할 수 있는 방법을 서술하시오.

• 악기 모양

• 음을 다르게 하는 방법

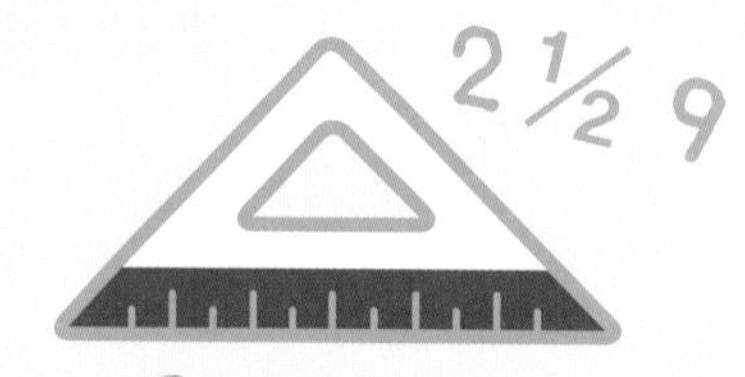

2강

수와 연산 ②

안쌤의 맛있는 영재 수학

$2\ \frac{1}{2}\ 9$

$4 + 6$

3강

도형과 측정 ①

3강 도형과 측정 ①

일반 창의성

01 다음 글이 나타내는 수학 개념을 쓰고, 생활 속에서 이와 같은 모양이나 상태를 찾을 수 있는 곳을 5가지 서술하시오.

> 우린 만난 적도 없지만 헤어진 적도 없지.
> 언젠가 만나고 싶어.

• 수학 개념 :

• 생활 속에서 모양이나 상태를 찾을 수 있는 곳 :

1

2

3

4

5

02 다음 그림에서 찾을 수 있는 크고 작은 직사각형은 모두 몇 개인지 풀이 과정과 함께 구하시오.

수학 창의성

03 다음과 같은 두 개의 삼각형으로 주어진 각도를 만들 수 있는 방법을 그림으로 나타내시오.

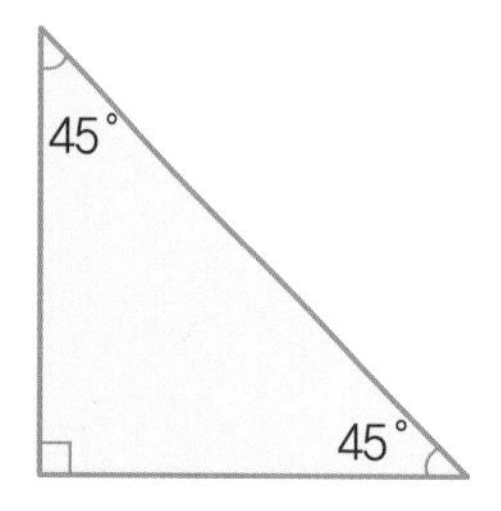

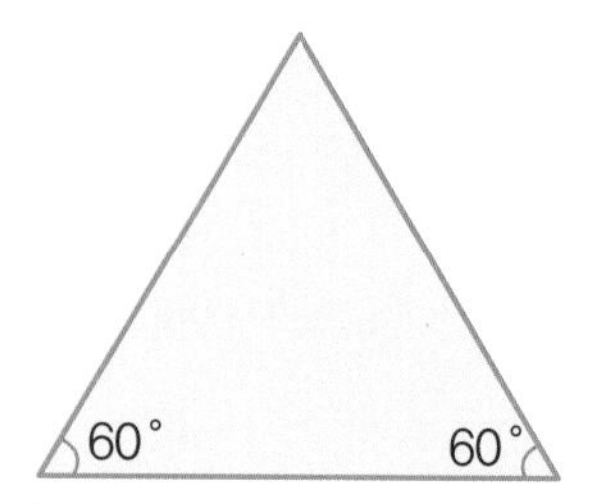

75°	

120°	

135°	

04 주어진 〈조건〉에 따라 지오보드판에 고무줄을 끼운 도형을 그림으로 나타내고, 자신만의 조건을 만들어 그림을 그리시오.

〈조건〉

① 고무줄과 닿는 핀의 개수 : 16개
② 고무줄 안쪽 꼭짓점(A)의 개수 : 6개
③ 고무줄 바깥쪽 꼭짓점(B)의 개수 : 2개

→

A A A A
B B
A A

〈조건 1〉

① 고무줄과 닿는 핀의 개수 : 10개
② 고무줄 안쪽 꼭짓점의 개수 : 7개
③ 고무줄 바깥쪽 꼭짓점의 개수 : 1개

→

〈조건 2〉

① 고무줄과 닿는 핀의 개수 : 7개
② 고무줄 안쪽 꼭짓점의 개수 : 5개
③ 고무줄 바깥쪽 꼭짓점의 개수 : 1개

→

〈조건 3〉

→

수학 창의성

05

다음은 도형을 크기와 모양이 같은 조각 3개와 4개로 나눈 것이다. 이 도형을 크기와 모양이 같은 조각 6개, 8개, 9개로 나누는 방법을 각각 2가지씩 나타내시오.

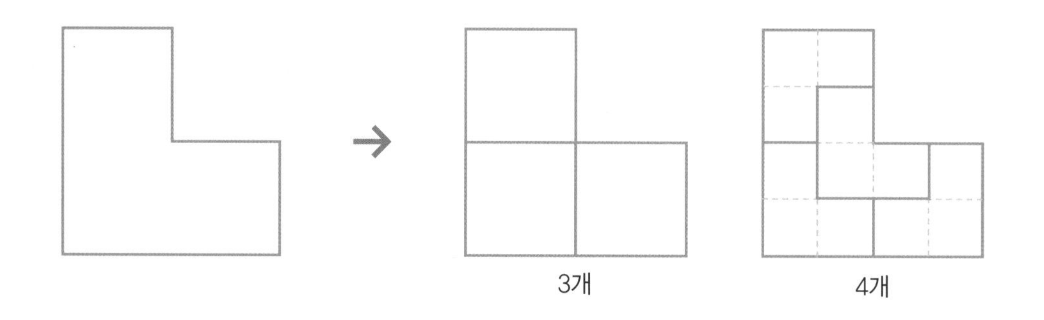

(1) 6개로 나누는 방법

(2) 8개로 나누는 방법

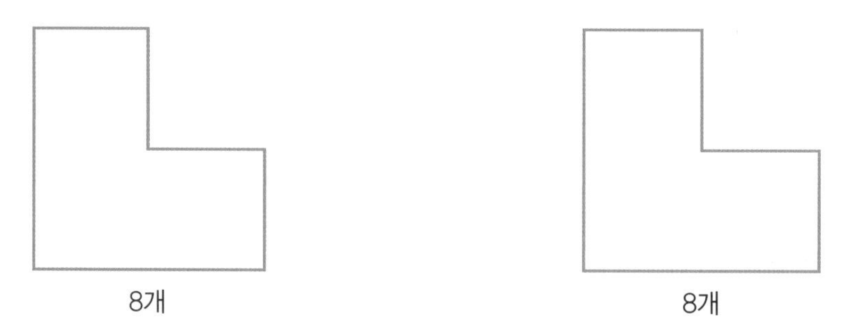

(3) 9개로 나누는 방법

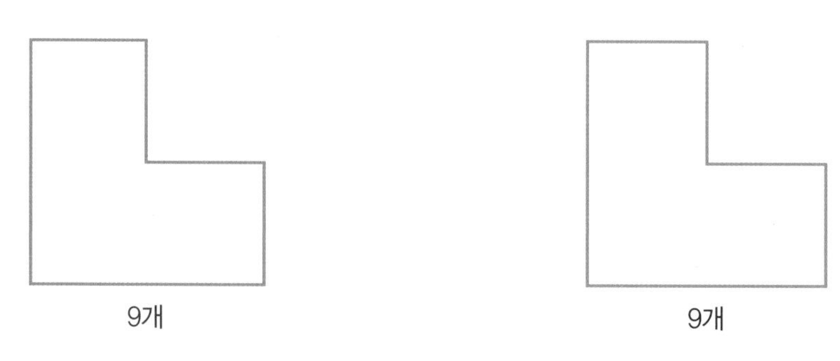

수학 창의성

06 칠교 조각 ㉢의 넓이와 그림판의 작은 정사각형 한 개의 넓이는 1로 같다. 칠교 조각을 2개 이상 사용하여 넓이가 2, 3, 4인 사각형을 각각 2가지씩 그리시오.

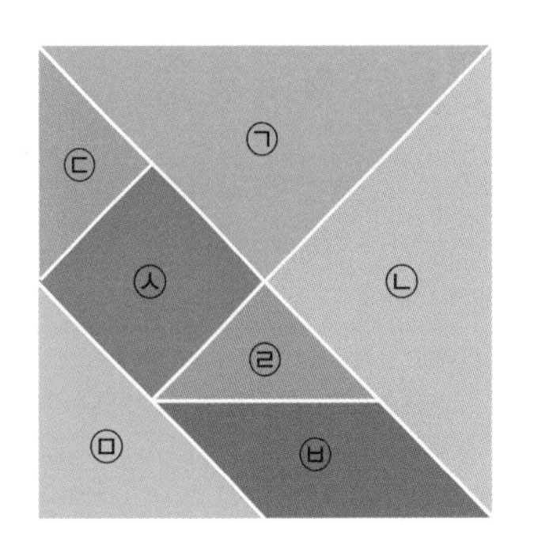

(1) 넓이가 2인 사각형

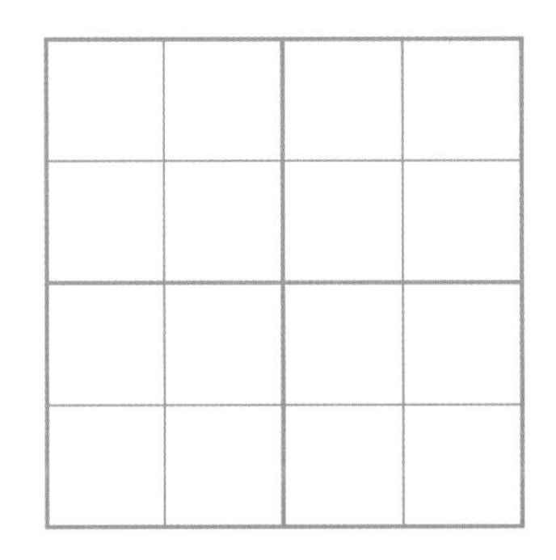

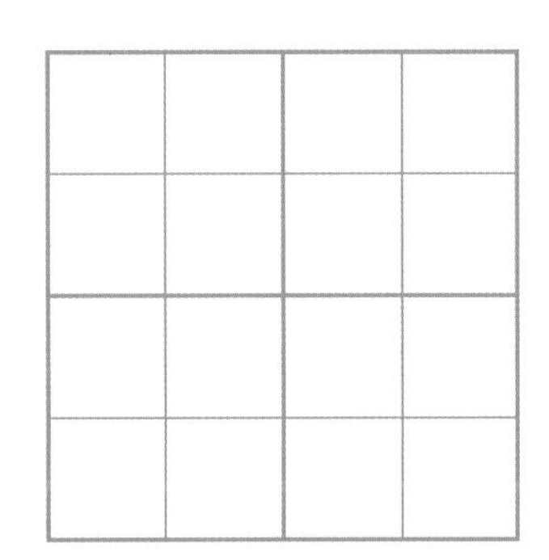

(2) 넓이가 3인 사각형

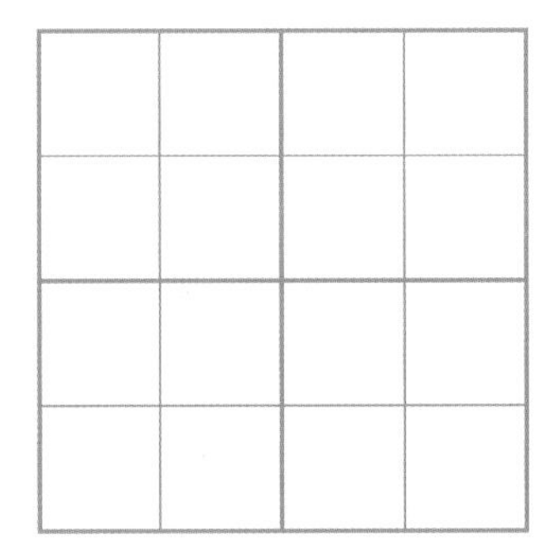

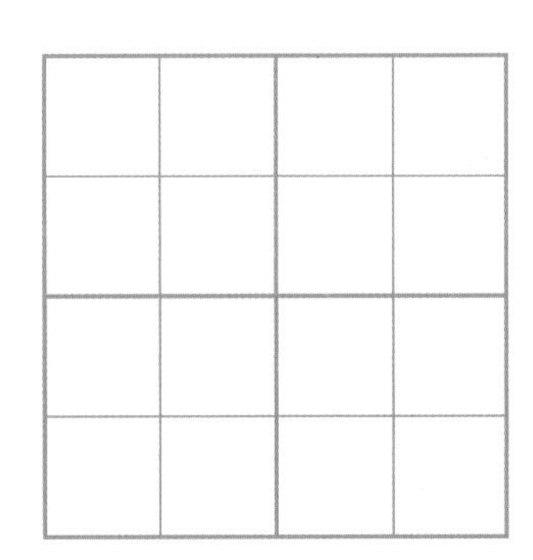

(3) 넓이가 4인 사각형

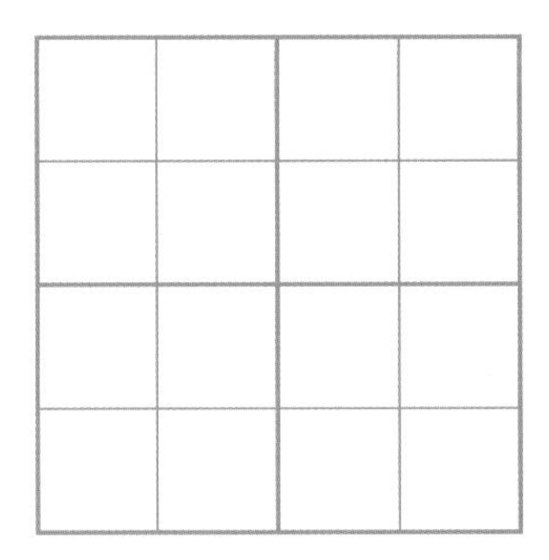

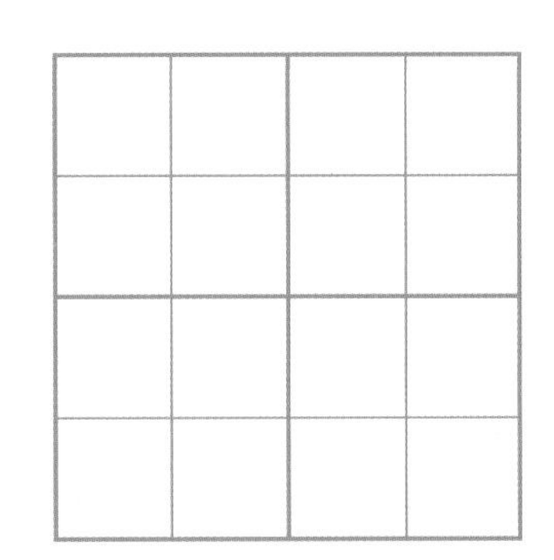

07 다음 글을 읽고 물음에 답하시오.

검은 돌을 가져가는 게임

다음과 같이 정사각형 10칸으로 이루어진 게임판에 흰 돌 4개와 검은 돌 1개가 놓여 있다.

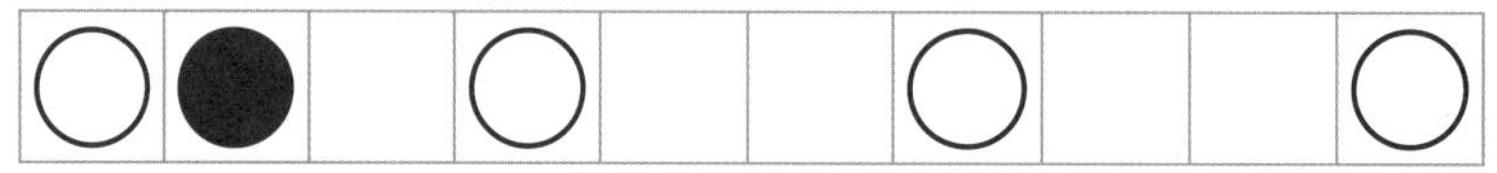

※ 게임 규칙
① 가장 오른쪽에 있는 돌은 가져갈 수 있다.
② 각 돌은 한 번에 오른쪽으로 두 칸씩 이동할 수 있다.
③ 다른 돌을 넘어서 이동할 수는 없다.

위 게임 규칙에 맞게 순서대로 돌을 가져가거나 돌을 한 개씩 이동하고, 검은 돌을 가져가면 게임이 끝난다.

(1) 서현이와 연우가 최선을 다해 위 게임을 한다. 서현이가 먼저 시작하고 연우가 마지막에 검은 돌을 가져 갈 때 돌을 이동한 최소 횟수와 최대 횟수를 각각 구하시오.

(2) 주어진 게임판은 최대 횟수로 옮길 때 나중에 시작한 사람이 검은 돌을 가져간다. 먼저 시작한 사람이 최대 횟수로 검은 돌을 가져갈 수 있도록 게임판의 흰 돌 중 하나의 위치를 바꾸려고 한다. 바꾼 흰 돌의 위치를 표시하고, 옮기는 과정을 그림으로 나타내시오.

처음

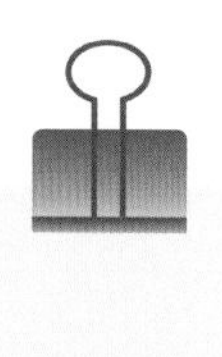

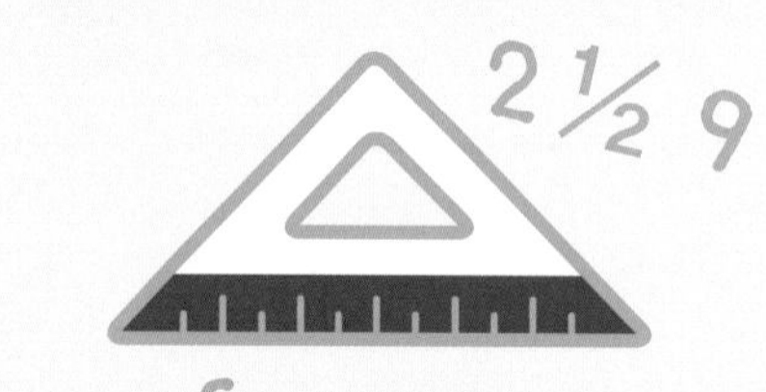

3강

도형과 측정 ①

안쌤의 맛있는 영재 수학

2 1/2 9

4 + 6

4강

도형과 측정 ②

4강 도형과 측정 ②

수학 사고력

01 다음은 정육각형 9개를 이어붙여 만든 도형의 꼭짓점 중 점 A, B, C 3개를 고른 것이다. 점 A, B, C에서 변을 따라 A에서 B, B에서 C, C에서 A로 갈 수 있는 최단 경로의 길이가 같다.

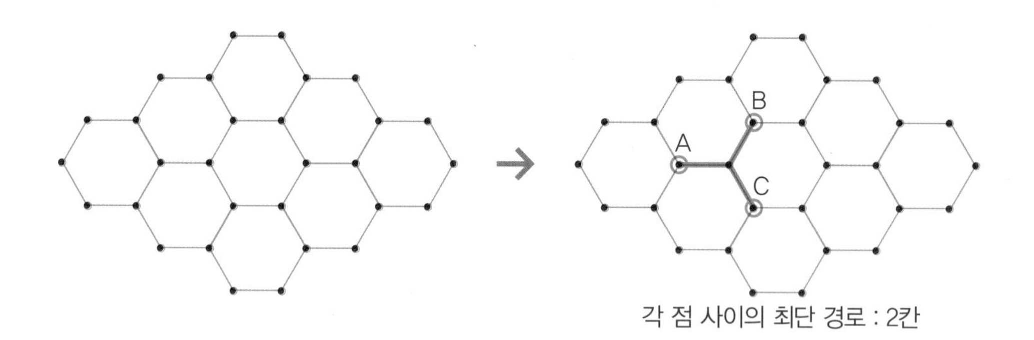

각 점 사이의 최단 경로 : 2칸

이처럼 아래 그림에 세 점 사이의 최단 경로의 길이가 모두 같은 점의 위치를 3가지 나타내시오. (단, 최단 경로의 길이가 같은 것은 1개로 본다.)

02 사다리꼴, 평행사변형, 마름모, 직사각형, 정사각형 등 사각형의 종류는 다양하다. 다음 그림에서 찾을 수 있는 크고 작은 사각형은 모두 몇 개인지 풀이 과정과 함께 구하시오.

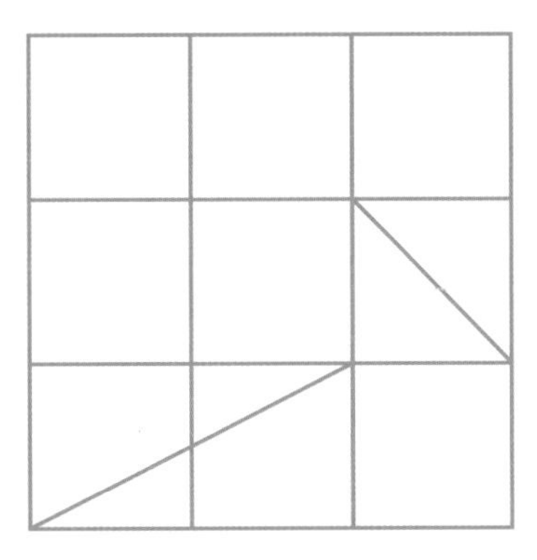

수학 사고력

03 다음과 같이 평행하게 놓인 두 개의 거울 사이에서 빛이 반사되고 있다. 각 ㉠의 크기를 풀이 과정과 함께 구하시오.

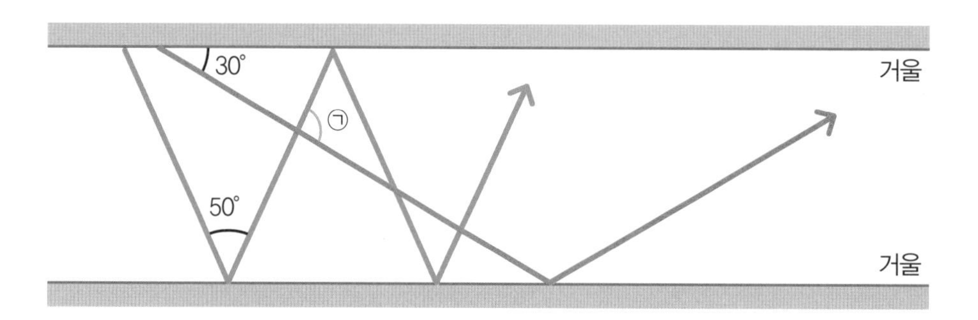

04 다음은 안쌤영화관의 영화 상영 시간표의 일부분이다. 물음에 답하시오.

영화		(가)	(나)	(다)	(라)
상영 시간		1시간 30분	1시간 25분	1시간 50분	?
영화 시작 시각	1회차	11:25	11:50	11:20	–
	2회차	01:10	01:25	01:20	01:35
	3회차	02:55	03:00	03:20	–
	4회차	04:40	04:35	–	–

(1) 영화 (라) 2회차가 끝났을 때 아날로그 시계의 시침과 분침이 이루는 작은 쪽의 각도는 90°였다. 영화 (라)의 상영 시간을 풀이 과정과 함께 구하시오. (단, 영화의 상영 시간은 1시간보다 길고 1시간 50분보다 짧다.)

(2) 4명이 모두 다른 2회차 영화를 봤다. 영화가 끝났을 때 아날로그 시계 바늘의 시침과 분침이 이루는 작은 쪽의 각도 중 각도가 가장 큰 영화와 가장 작은 영화의 각도를 풀이 과정과 함께 구하시오.

수학 창의성

05 정삼각형 3개를 이어 붙여 만든 사다리꼴 2개가 있다. 이 사다리꼴 2개를 변끼리 붙여서 만들 수 있는 도형을 5가지 그리시오. (단, 돌리거나 뒤집어 겹치는 모양은 같은 모양으로 본다.)

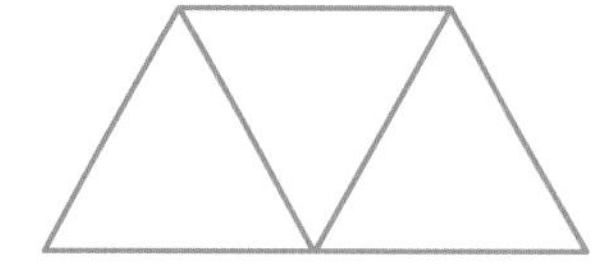
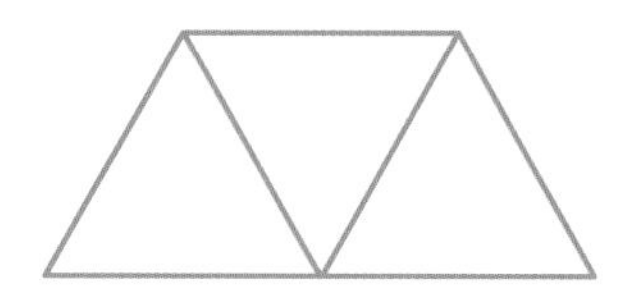

06 크기와 모양이 같은 직각이등변삼각형 3개가 있다. 이 중 1개는 다른 색이다. 세 도형을 모두 사용하여 다음 〈조건〉에 맞는 도형을 10가지 만드시오.

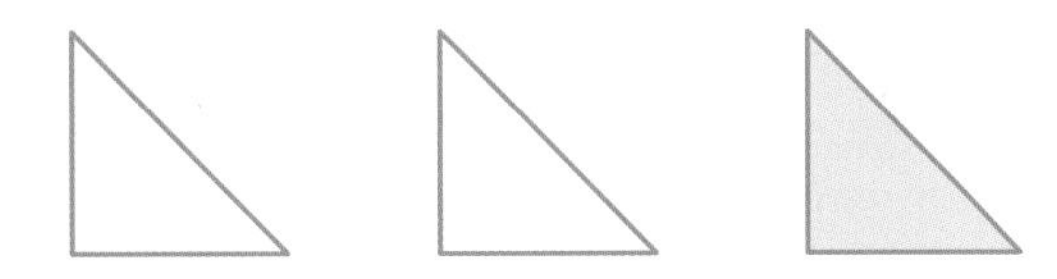

〈조건〉

① 도형과 도형은 변의 길이가 같을 때만 붙일 수 있다.
② 돌리거나 뒤집어서 겹치는 것은 같은 도형으로 본다.
③ 겹쳐진 모양은 같지만 색이 다르면 다른 도형으로 본다.

융합 사고력

07 다음 글을 읽고 물음에 답하시오.

실시간으로 교통 정보를 알려주는 내비게이션

내비게이션을 이용하면 실시간으로 교통 정보를 알 수 있다. 교통정보 수집 업체들은 수만 대의 차량에 장비를 설치해 교통 정보를 수집하고, 교차로마다 설치한 위치 발신기나 GPS를 통해 수집 차량이 지나간 시간을 계산하여 도로 상황을 판단한다. 여기에 고속도로와 국도의 정보와 사고와 공사 정보 등을 더해 내비게이션 회사 서버로 전달한다. 이 정보를 차량 내비게이션은 DMB 방송 주파수를 이용해, 스마트폰 내비게이션 앱은 인터넷 데이터를 이용해 단말기로 전송되어 화면에 표시된다.

(1) 내비게이션으로 남산서울타워에서 대전 한국과학기술원으로 이동하는 경로를 검색하였더니 2가지가 나왔다. 두 경로의 속력 차를 풀이 과정과 함께 구하시오. (단, 속력(km/h)=이동 거리(km)÷시간(h)이다.)

구분	경로 1	경로 2
이동 거리(km)	168	171
소요 시간(시간 : 분)	2:20	3:10

(2) 운전을 할 때 실시간으로 교통 정보를 알면 좋은 점을 5가지 서술하시오.

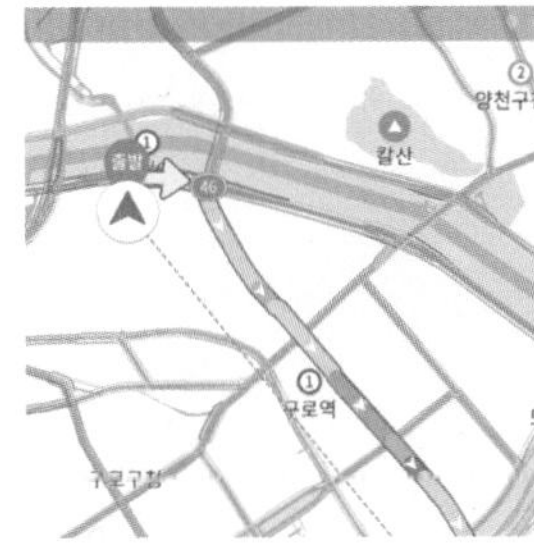

4강

도형과 측정 ②

안쌤의 맛있는 영재 수학

$2 \frac{1}{2} 9$

$4 + 6$

5강

규칙과 문제해결 ①

5강 규칙과 문제해결 ①

수학 사고력

01 성냥개비 30개로 만든 정삼각형에서 크기가 다른 정삼각형을 많이 찾을 수 있다. 이 중 성냥개비 6개를 빼내 5개의 정삼각형만 남게 하는 방법을 2가지 나타내시오. (단, 돌리거나 뒤집어 겹치는 모양은 같은 모양으로 본다.)

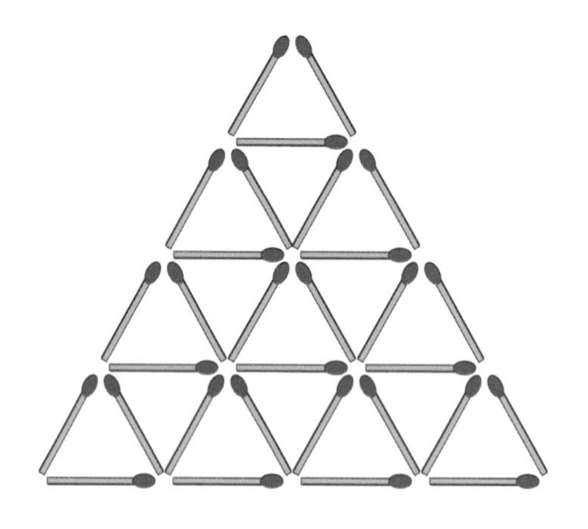

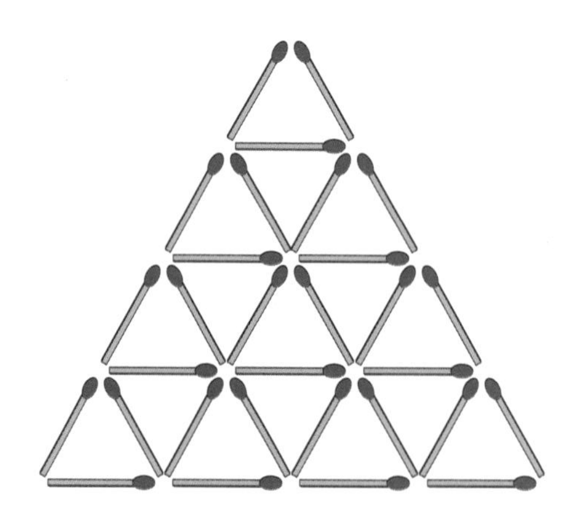

02

4 L를 담을 수 있는 수조에 각각 ①부터 ④까지 번호가 쓰여 있고, 번호의 숫자와 같은 양(L)의 물이 들어 있다. 다른 도구를 사용하지 않고, 수조에서 다른 수조로 물을 옮겨 부어 번호의 숫자와 반대로 물이 담기게 하려고 한다. 수조의 위치를 바꿀 수 없으며 옮겨 부은 후 제자리에 두어야 할 때 최소 몇 번을 옮겨야 하는지 구하시오. (단, 표에 빈칸을 남겨두어도 된다.)

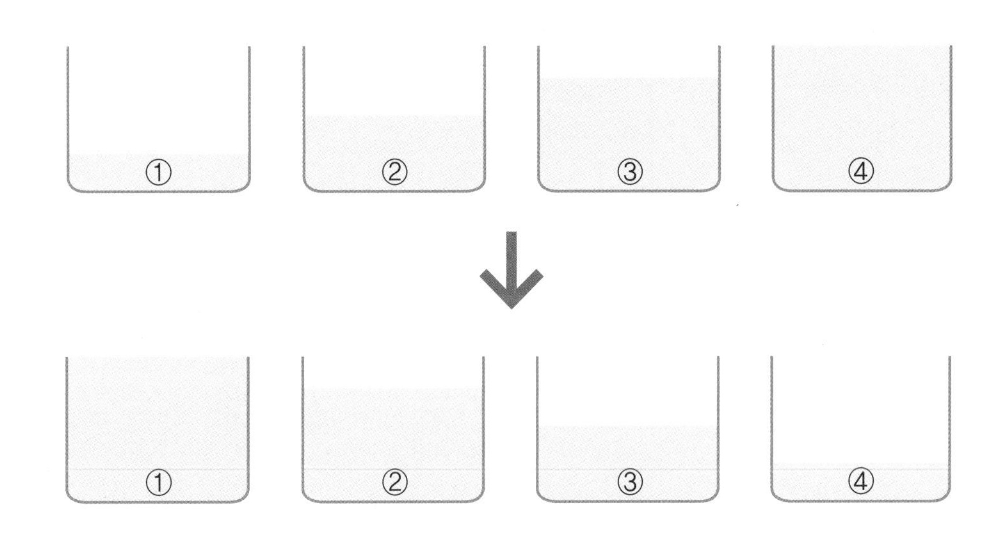

수조 / 물의 양(L)	①	②	③	④	옮기는 방법
처음	1	2	3	4	–
1번					
2번					
3번					
4번					
5번					
6번					
7번					
⋮					
마지막	4	3	2	1	–

수학 사고력

03 다음은 수를 어떤 규칙으로 도형에 색칠하여 나타낸 것이다. 물음에 답하시오. (단, 도형에 색칠할 때는 세로줄마다 1칸만 색칠한다.)

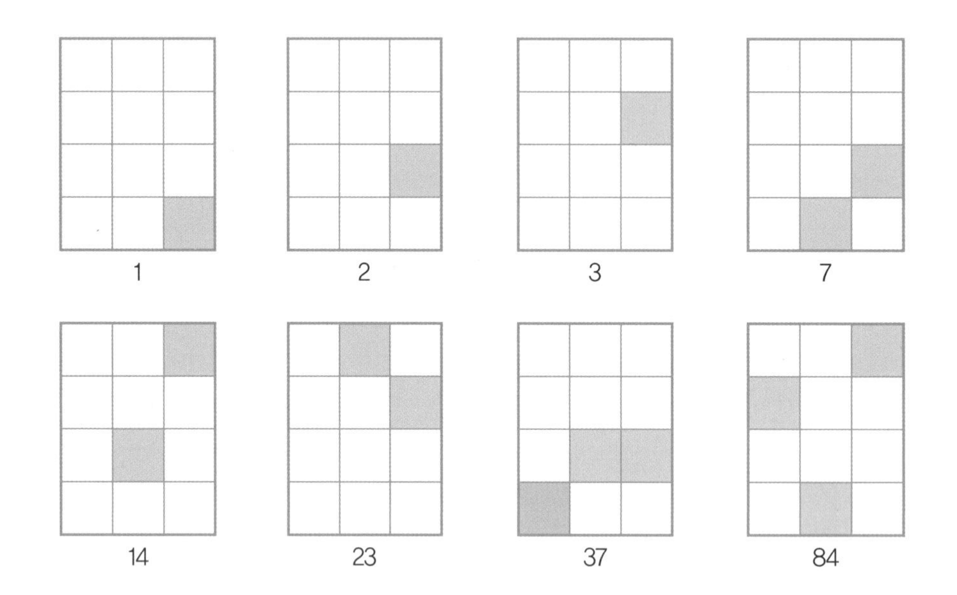

(1) 다음 왼쪽 도형에는 19를 나타내도록 색칠하고, 오른쪽 도형이 나타내는 수를 (　　) 안에 쓰시오.

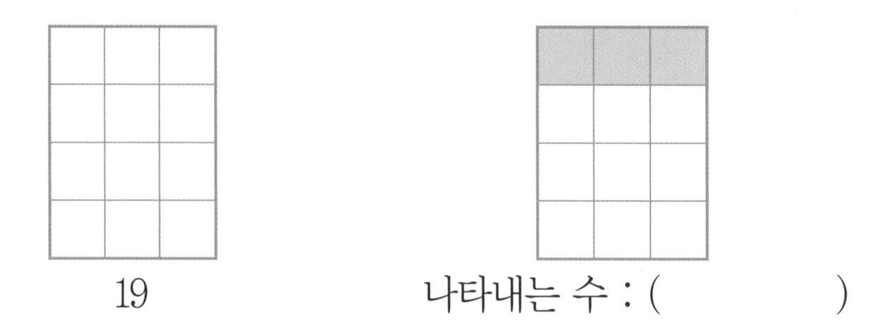

(2) 다음 도형이 나타내는 연산 결과를 나타내도록 색칠하고, 각 도형이 나타내는 수를 (　　) 안에 쓰시오.

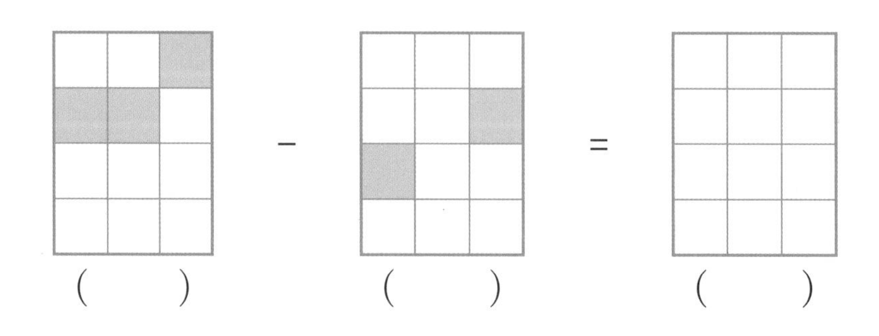

04 다음은 경찰서 8개를 가로, 세로, 대각선 4개의 칸에 어떤 방향으로도 2개씩만 있도록 배치한 것이다. 물음에 답하시오.

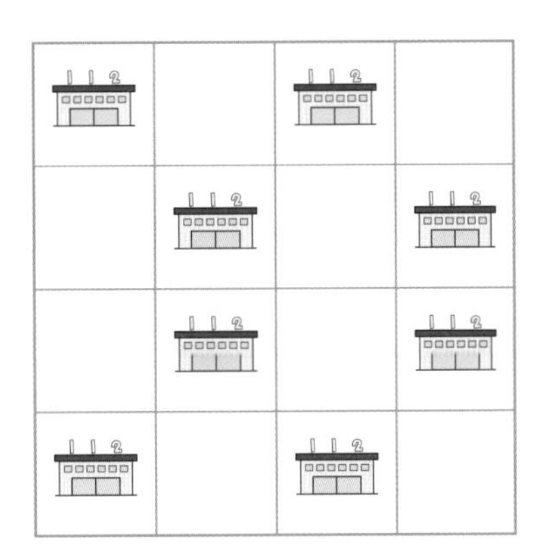

경찰서 10개를 가로, 세로, 대각선 5개의 칸에 어떤 방향으로도 2개씩만 있도록 하는 방법을 2가지 나타내시오. (단, 경찰서는 ○표로 표시하고, 돌리거나 뒤집어 겹치는 모양은 같은 모양으로 본다.)

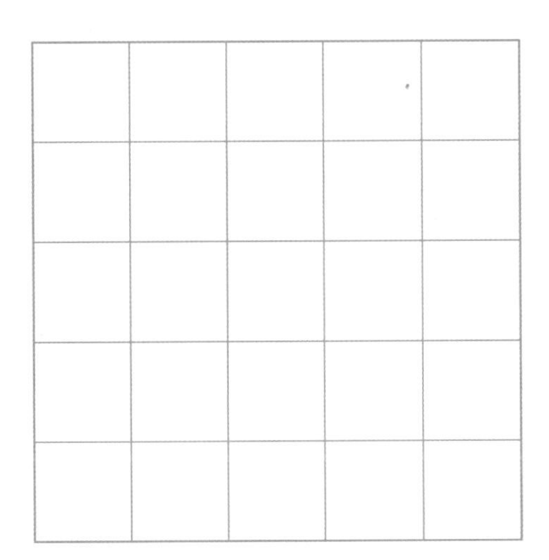

수학 창의성

05 다음은 정사각형을 크기와 모양이 같은 도형 4개로 나눈 것이다. 나눈 도형 1개에는 초록색 원 4개가 들어 있다. 이와 같은 방법으로 도형을 나눌 수 있는 방법을 3가지 나타내시오.

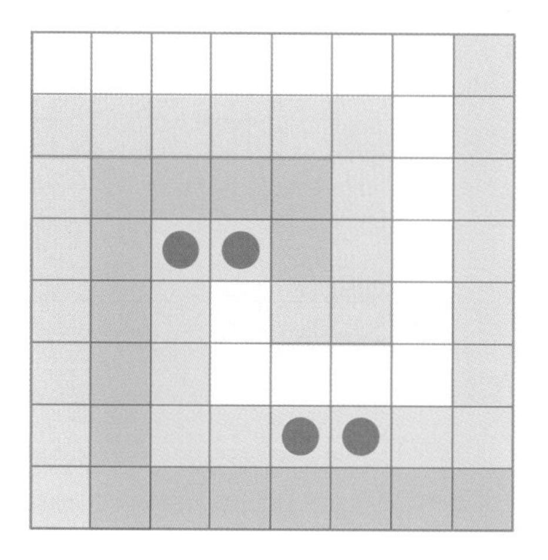

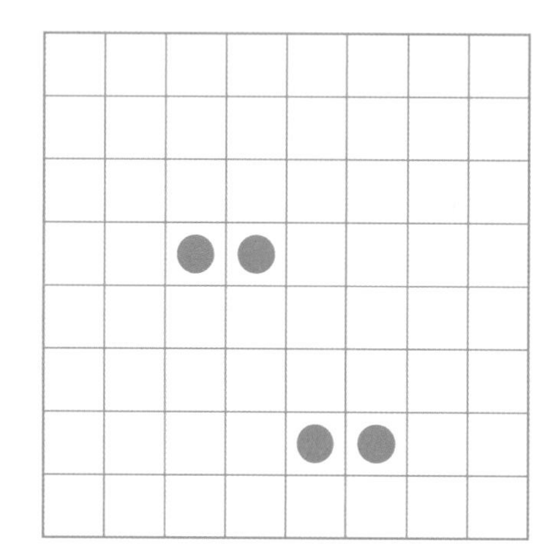

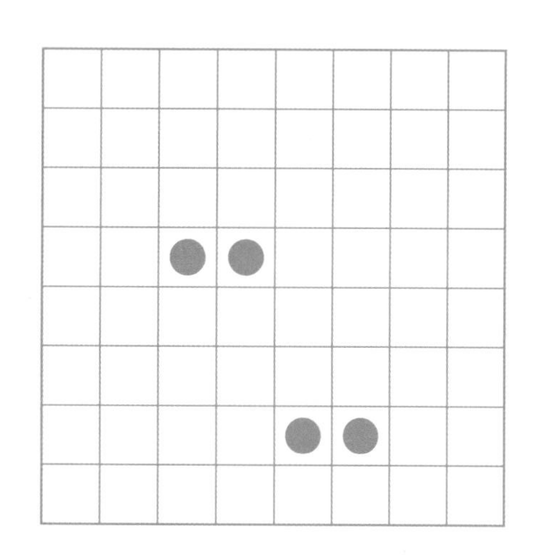

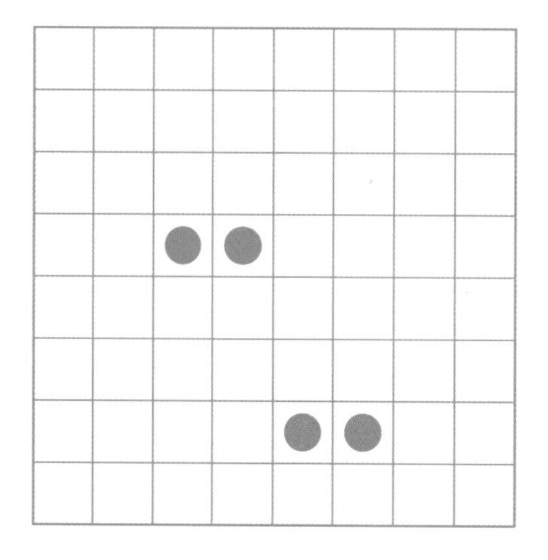

수학 창의성

06

다음 〈보기〉는 점 A에서 점 B까지 직선 2개를 이어서 가는 방법을 나타낸 것이다. 직선 4개를 이어서 점 A에서 점 B까지 가는 방법을 16가지 그리시오. (단, 점 A와 점 B를 이은 직선 AB를 대칭축으로 하는 대칭인 그림은 하나로 본다.)

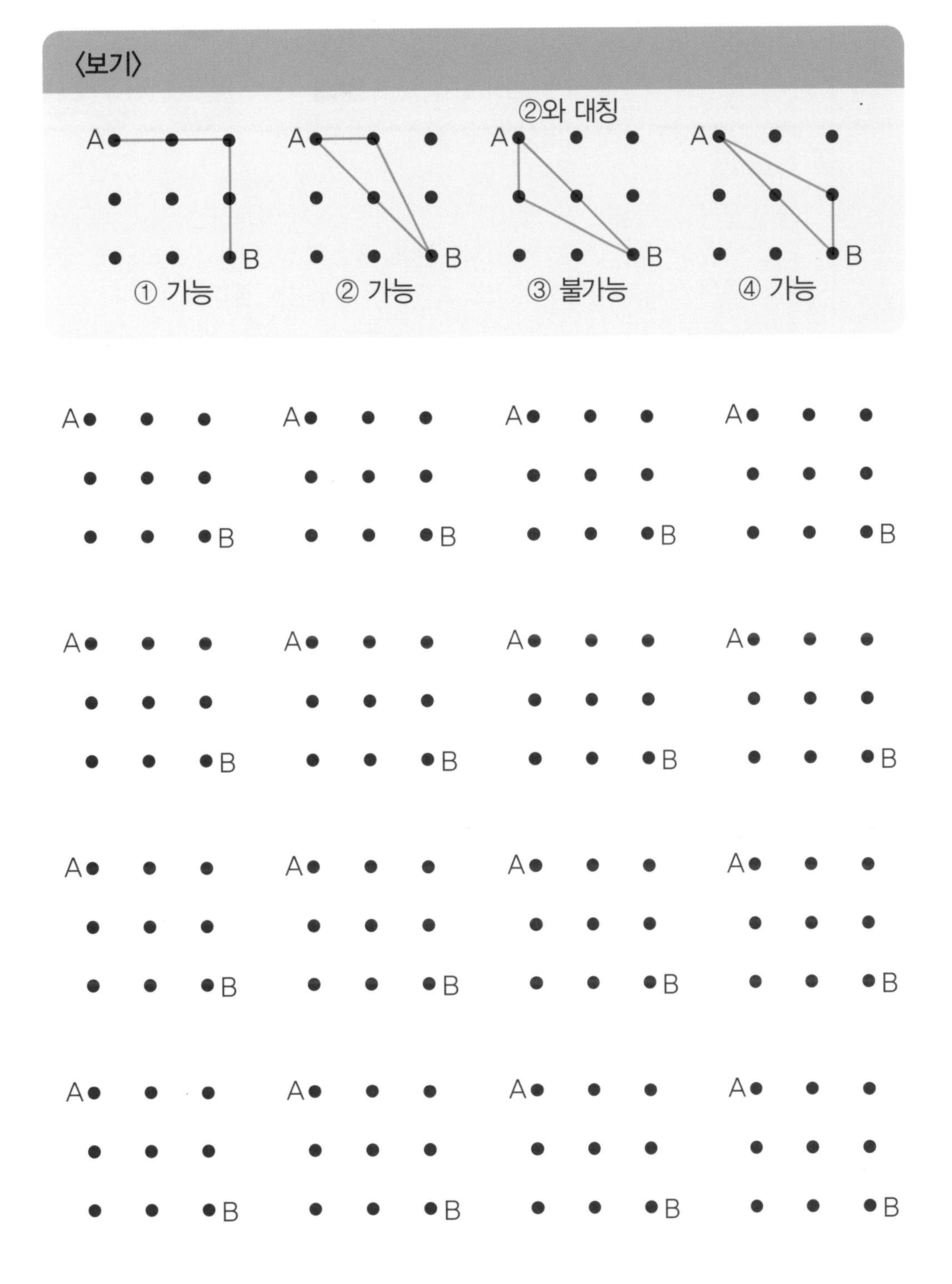

07 다음 글을 읽고 물음에 답하시오.

생명을 유지하는 최소한의 에너지, 기초대사량

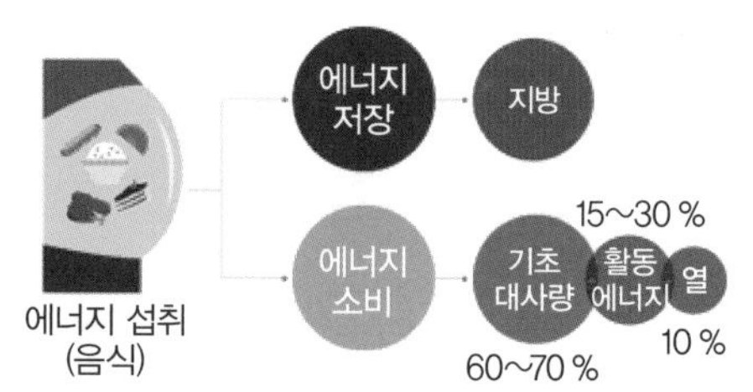

기초대사량이란 생물체가 생명을 유지하는데 필요한 최소한의 에너지량으로, 체온 유지, 호흡, 심장 박동, 뇌의 활동 등 기초적인 생명 활동에 사용하는 에너지이다. 휴식 상태일 때 기초대사량만큼 에너지가 소비된다. 일반적으로 1시간에 남성은 체중 1 kg당 1 kcal를 소모하고, 여성은 0.9 kcal를 소모한다. 우리가 사용하는 전체 에너지 중 기초대사량이 약 60~70 %를 차지한다. 체중 조절을 위해 무리하게 굶으면 우리 몸은 에너지가 부족하다고 느껴 기초대사량을 줄이고, 에너지 소모가 활발하게 이루어지지 않아 오히려 역효과를 준다. 굶는 것보다 기초대사량을 높이는 것이 체중 감량에 도움이 된다.

(1) 다음 자료를 바탕으로 신체 조건과 기초대사량의 관계를 4가지 서술하시오.

구분	성별	체중(kg)	키(cm)	나이(살)	기초대사량(kcal)
A	남	37	140	11	1200
B	남	37	140	12	1194
C	남	43	150	12	1326
D	여	43	150	12	1287
E	남	37	150	11	1250

(2) 같은 양을 먹어도 살이 더 많이 찌는 경우가 있다. 이는 기초대사량 때문이다. 기초대사량이 높으면 몸에서 에너지 소비가 잘 되므로 같은 양을 먹어도 살이 덜 찐다. 기초대사량을 높이면 효과적으로 체중 조절을 할 수 있다. 기초대사량을 높이기 위한 방법을 5가지 서술하시오.

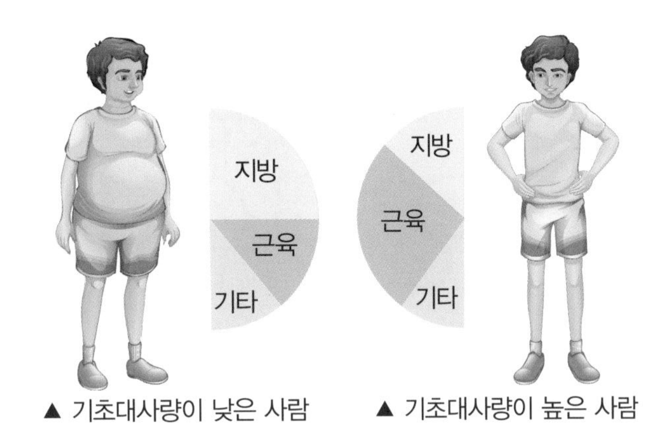

▲ 기초대사량이 낮은 사람 ▲ 기초대사량이 높은 사람

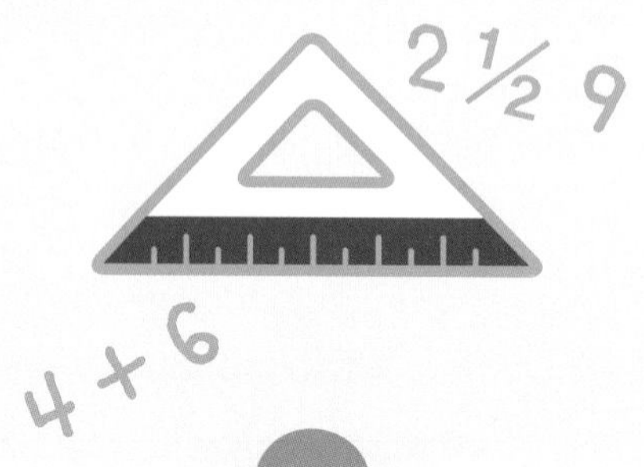

5강

규칙과 문제해결 ①

안쌤의 맛있는 영재 수학

2 1/2 9

4 + 6

6강

규칙과 문제해결 ②

6강 규칙과 문제해결 ②

수학 사고력

01 다음은 성냥개비로 만든 수이다. 물음에 답하시오.

(1) 성냥개비 1개를 옮겨 만들 수 있는 세 자리 수 중 가장 큰 수와 가장 작은 수를 그림으로 나타내시오.

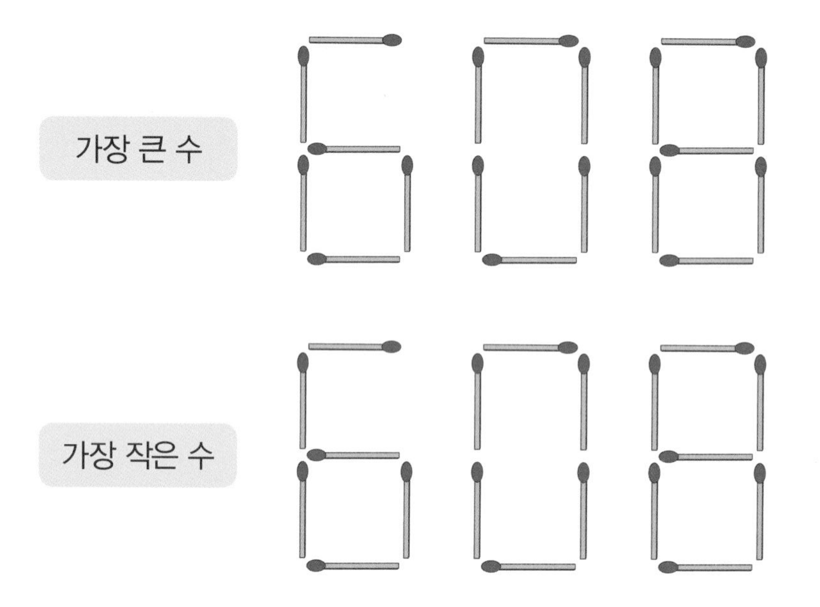

(2) 성냥개비 2개를 옮겨 만들 수 있는 세 자리 수 중 가장 큰 수와 가장 작은 수를 그림으로 나타내시오.

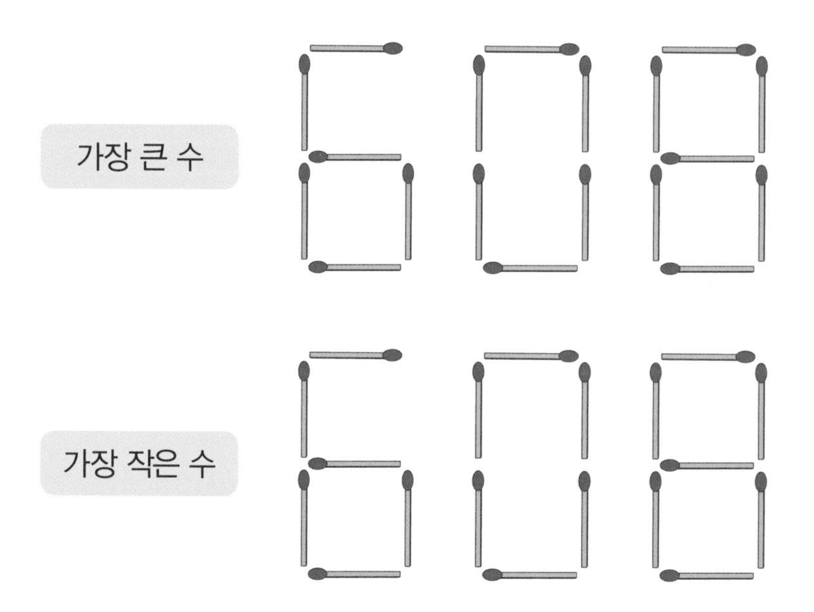

02 다음은 규칙적으로 정육각형을 그린 그림이다. 물음에 답하시오.

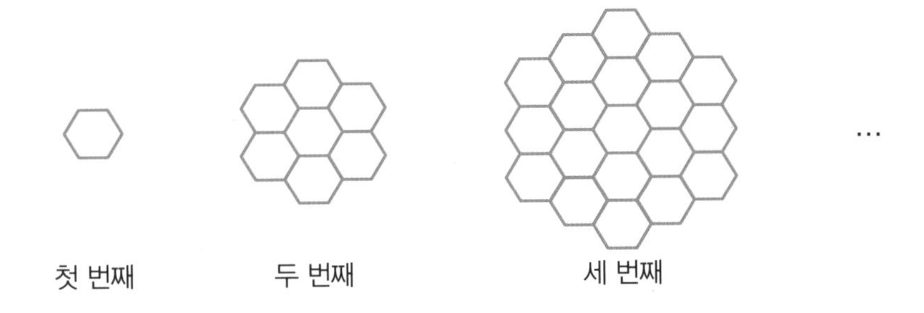

(1) 네 번째의 정육각형의 개수를 풀이 과정과 함께 구하시오.

(2) 정육각형의 개수가 127개일 때는 몇 번째인지 풀이 과정과 함께 구하시오.

03 다음과 같은 <조건>의 과녁이 있다. 물음에 답하시오.

<조건>

① 원의 중심은 모두 같다.
② 첫 번째 원의 반지름은 1cm이다.
③ 아래 규칙이 반복된다.
(첫 번째 원의 반지름)×3=(두 번째 원의 반지름)
(두 번째 원의 반지름)×2=(세 번째 원의 반지름)
(세 번째 원의 반지름)×3=(네 번째 원의 반지름)
(네 번째 원의 반지름)×2=(다섯 번째 원의 반지름)
⋮

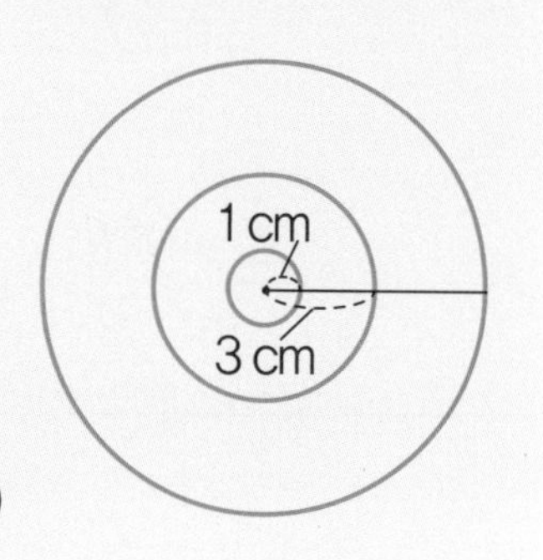

(1) 첫 번째 원부터 계속하여 원의 지름을 더한 값과 가장 큰 원의 지름의 차가 344 cm이다. 가장 큰 원의 지름은 몇 cm인지 풀이 과정과 함께 구하시오.

(2) 가장 바깥 원의 지름이 216 cm이고, 바깥 원부터 1점, 2점, 3점, … 으로 점수를 정하였다. 화살을 3번을 쏘아 과녁을 모두 맞혔을 때 총점이 16점이 나오는 경우는 모두 몇 가지인지 구하시오.

04 블록을 길게 연결한 막대를 넣으면 그대로 나올 때도 있고, 긴 막대와 짧은 막대로 두 도막으로 잘려서 나올 때도 있는 마술 상자가 있다. 막대가 두 도막으로 잘려서 나올 때는 긴 막대의 길이가 짧은 막대의 길이의 2배이다.

블록 막대를 마술 상자에 넣었을 때

① 블록 1개를 넣었더니 그대로 나왔다.
② 블록 2개를 연결한 막대를 넣었더니 그대로 나왔다.
③ 블록 3개를 연결한 막대를 넣었더니 블록 1개와 블록 2개가 연결된 막대 두 도막이 나왔다.

마술 상자에 블록 81개를 연결한 막대를 넣었을 때 나오는 막대를 모두 다시 넣는 과정을 네 번 반복했다. 마지막에 나온 블록 막대는 몇 도막인지 풀이 과정과 함께 구하시오.

수학 사고력

05

다음 <규칙>에 따라 15를 계산하였더니 1이 되었다. 주어진 수가 가장 적은 단계로 1이 나오는 과정을 구하시오.

<규칙>

① 3으로 나누어떨어지는 수는 3으로 나눌 수 있다.
② 2로 나누어떨어지는 수는 2로 나눌 수 있다.
③ 언제든지 1을 뺄 수 있다.

예 15 → 5 → 4 → 2 → 1

• 10

• 164

• 235(2가지)

06 다음 〈규칙〉에 맞게 빈칸에 수를 넣으시오.

〈규칙〉

① 각 가로줄과 세로줄에 1~4까지 수를 중복되지 않도록 넣는다.
② 부등호 기호의 조건에 맞게 수가 들어가야 한다.
(A<B라면 A보다 B가 큰 수여야 한다.)

4						
∨						
		3	<			
						∧
	<					
				∨		
		2				

07 다음 글을 읽고 물음에 답하시오.

눈에 보이지 않는 미세먼지

미세먼지는 대기 중에 떠다니거나 흩날려 내려오는 먼지로, 화석연료를 태울 때나 자동차 배기가스에서 많이 발생한다. 미세먼지의 크기는 10 μm 이하로 우리 눈에 보이지 않을 정도로 매우 작아서 일반 먼지와 달리 코점막에서 걸러지지 않고 기관지나 폐로 들어간다. 잠깐의 흡입으로는 갑자기 신체 변화가 나타나지는 않지만 오랜 시간 동안 흡입하면 폐 질환이나 협심증을 일으키기도 하고 임산부의 경우 태아의 발달을 저하시킬 수 있다.

(1) 다음은 10일 동안 날씨와 미세먼지 농도 자료이다. 이를 바탕으로 미세먼지 농도가 높아지는 조건을 3가지 서술하시오.

날짜	평균 기온(℃)	풍속(m/s)	안개 발생	미세먼지 농도
1/11	−5.0	7.9	X	51(보통)
1/12	−2.8	9.4	△	71(보통)
1/13	1.2	4.7	○	89(나쁨)
1/14	2.4	5.1	○	107(나쁨)
1/15	3.6	3.2	○	155(매우 나쁨)
1/16	2.8	4.3	○	122(나쁨)
1/17	−1.9	6.1	△	43(보통)
1/18	−3.5	11.5	X	39(보통)
1/19	−0.3	8.3	△	53(보통)
1/20	2.4	4.7	○	87(나쁨)

(2) OECD 보고서에 따르면 대기오염으로 인한 한국의 사망자는 17,000명 이상으로 이 중 1급 발암물질로 분류되는 미세먼지는 주로 공장, 자동차, 비행기, 선박, 건설기계 등의 연료를 태우는 과정에서 공기 중으로 직접 배출되는 경우가 많다. 미세먼지를 줄이기 위한 방안을 3가지 서술하시오.

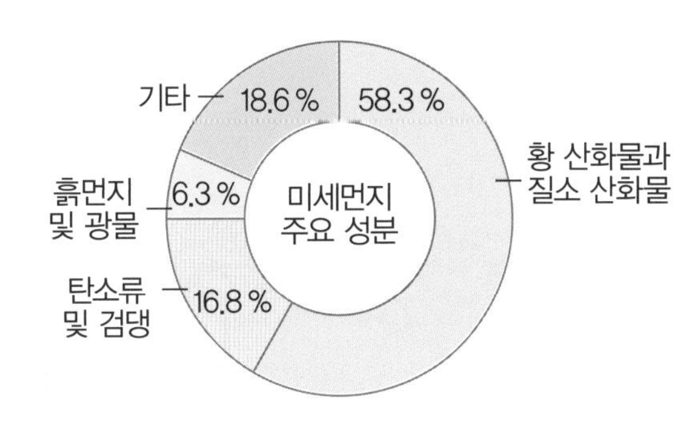

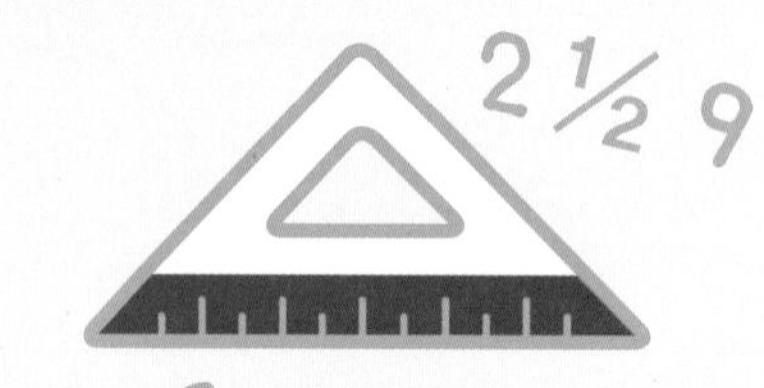

4 + 6

6강

규칙과 문제해결 ②

안쌤의 맛있는 영재 수학

7강

논리와 확률 통계 ①

7강 논리와 확률 통계 ①

수학 사고력

01 연우는 컴퓨터의 비밀번호를 만들려고 한다. 다음 〈조건〉에 알맞은 비밀번호를 풀이 과정과 함께 구하시오.

〈조건〉

① 다섯 자리 수이다.
② 각 자리 숫자의 합은 23이다.
③ 각 자리 숫자는 서로 다른 숫자이다.
④ 위 조건을 만족하는 수 중 가장 큰 수이다.

02 다음은 어느 마을에서 집의 위치, 주소, 전화번호 표기법을 나타낸 것이다. 물음에 답하시오.

	11	13	15	17	19	…	97
12	⌂	⌂	⌂	⌂	⌂		⌂
14	⌂	⌂	⌂	⌂	⌂		⌂
16	⌂	⌂	⌂	⌂	⌂		⌂
18	⌂	⌂	⌂	⌂	⌂		⌂
20	⌂	⌂	(⌂)	⌂	⌂		⌂
…							
98	⌂	⌂	⌂	⌂	⌂		⌂

집 주소와 전화번호 표기법

- 주소 : (가로 번호)−(세로 번호)
- 전화번호 : (가로 번호+세로 번호)−(가로 번호×세로 번호)

예 (20, 15) 위치의 집
- 주소 : 20−15
- 전화 번호 : 35−300

(1) 집 주소 앞자리와 뒷자리를 더해 39가 되는 곳은 모두 몇 개인지 풀이 과정과 함께 구하시오.

(2) 세 번째 줄 오른쪽 집의 전화번호 앞자리의 십의 자리 수는 5이고, 나머지 집은 4이다. 첫 번째 줄 왼쪽 집과 오른쪽 집의 전화번호 뒷자리 수의 차가 56일 때, 가운데 집의 주소를 풀이 과정과 함께 구하시오.

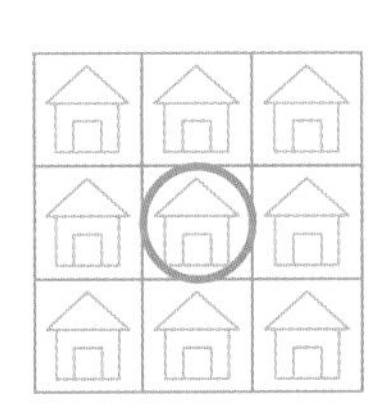

03 다음은 게임판 위의 모든 칸을 이동하는 게임이다. 〈방법〉에 따라 화살표로 이동 방향을 나타내고, 마지막으로 도착하는 칸에 도착이라고 쓰시오.

〈방법〉

① 출발 칸에서 시작해서 가로 또는 세로 방향으로 한 칸씩 움직인다.
② 모든 칸을 지나가야 한다.
③ 한 번 지나간 칸은 다시 지나갈 수 없다.

출발

04 종이띠의 점선을 따라 자르면 각각의 수를 얻을 수 있다. 물음에 답하시오.

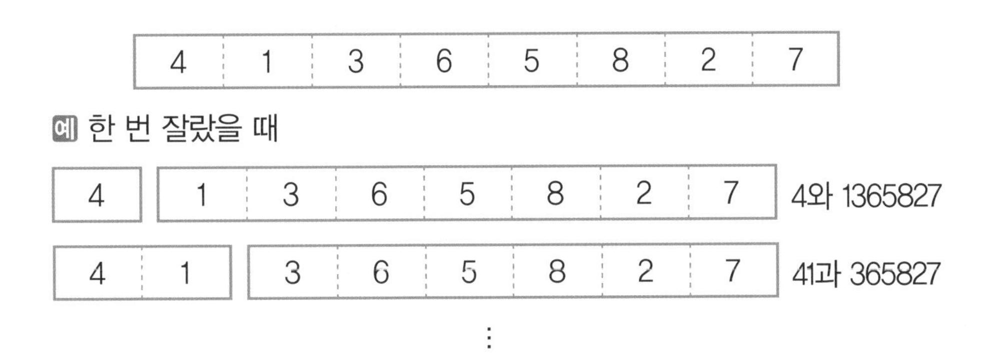

(1) 종이를 잘라 수 5개를 얻었다. 얻은 수의 합으로 가장 큰 수와 가장 작은 수를 풀이 과정과 함께 구하시오.

(2) 종이를 잘라 5개의 수를 얻었을 때 얻은 수의 합이 500에 가장 가까운 수를 구하시오.

05 둘레가 96 cm인 정삼각형이 있다. 각 선분을 이등분하는 점을 연결하여 생긴 가운데 정삼각형을 없애면 작은 정삼각형 3개가 남는다. 같은 방법을 한 번 더 반복하면 작은 정삼각형 9개가 남는다. 각 물음에 답하시오.

(1) 네 번째에서 남은 작은 정삼각형의 개수를 풀이 과정과 함께 구하시오.

(2) 네 번째에서 남은 작은 정삼각형의 모든 변의 길이의 합을 풀이 과정과 함께 구하시오.

(3) 다섯 번째에서 없어지는 정삼각형의 모든 변의 길이의 합을 풀이 과정과 함께 구하시오.

06

1 g부터 10 g까지 추 10개와 양팔 저울이 있다. 추를 양쪽에 3개씩 올려서 수평을 만들었다. 양팔 저울에 올라가는 추의 무게가 가장 무거울 때와 가장 가벼울 때 양쪽에 올라가는 추를 각각 풀이 과정과 함께 구하시오.

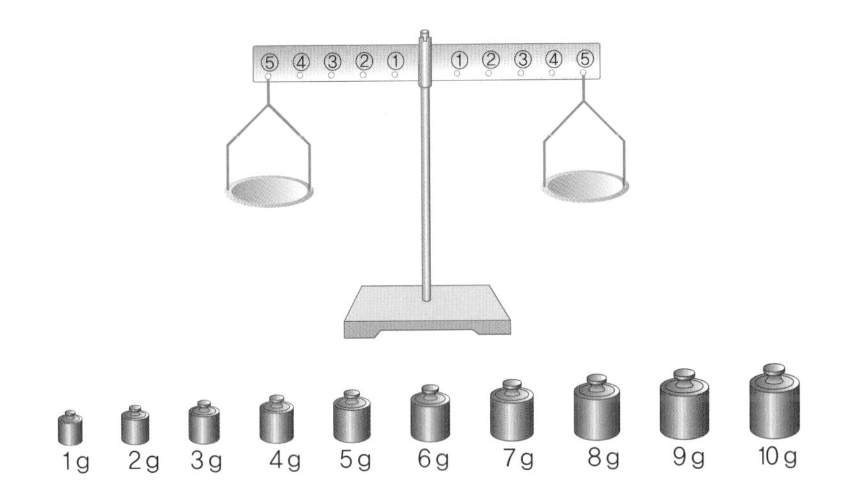

1 g　2 g　3 g　4 g　5 g　6 g　7 g　8 g　9 g　10 g

• 가장 무거울 때 :

• 가장 가벼울 때 :

융합 사고력

07 다음 글을 읽고 물음에 답하시오.

과학적이고 배우기 쉬운 한글

한글의 과학적 구조는 모바일 환경을 맞아 더욱 그 진가가 드러나고 있다. 한글은 자음 14개와 모음 10개로 구성되어 있어 획과 쌍자음 단추만 추가하면 모든 글자를 매우 빠르게 조합할 수 있으므로 스마트폰 시대에 꼭 맞는 문자이다. 단순하고 과학적인 한글 덕분에 우리나라의 문맹률은 1 % 미만이다.

(1) 한글은 초성+중성 또는 초성+중성+종성으로 이루어져 있다.

수 → ㅅ + ㅜ 초성 중성	학 → ㅎ + ㅏ + ㄱ 초성 중성 종성

초성	19자	ㄱ, ㄴ, ㄷ, ㄹ, ㅁ, ㅂ, ㅅ, ㅇ, ㅈ, ㅊ, ㅋ, ㅌ, ㅍ, ㅎ, ㄲ, ㄸ, ㅃ, ㅆ, ㅉ
중성	21자	ㅏ, ㅑ, ㅓ, ㅕ, ㅗ, ㅛ, ㅜ, ㅠ, ㅡ, ㅣ, ㅐ, ㅒ, ㅔ, ㅖ, ㅘ, ㅙ, ㅚ, ㅝ, ㅞ, ㅟ, ㅢ
종성	27자	ㄱ, ㄴ, ㄷ, ㄹ, ㅁ, ㅂ, ㅅ, ㅇ, ㅈ, ㅊ, ㅋ, ㅌ, ㅍ, ㅎ, ㄲ, ㄳ, ㄵ, ㄶ, ㄺ, ㄻ, ㄼ, ㄽ, ㄾ, ㄿ, ㅀ, ㅄ, ㅆ

초성과 종성에는 자음만 올 수 있고, 중성에는 모음만 올 수 있다. 초성, 중성, 종성에 올 수 있는 글자를 바탕으로 현대 한글의 모든 글자 수를 풀이 과정과 함께 구하시오.

(2) 우리나라와 북한을 제외하고 한글을 사용하는 나라가 있다. UN은 언어는 있으나 문자가 없는 무문자 민족과 절멸 위기 언어를 보존하기 위해 한글을 문자로 제공하고 있다. 인도네시아의 찌아찌아족, 솔로몬제도의 과달카날주와 말라카이족은 한글을 도입해 문자로 사용하고 있다. 아래 표는 문자의 종류를 나타낸 것이다. 한글을 표기 문자로 사용하면 좋은 점을 3가지 서술하시오.

문자의 종류	특징	대표 언어
표의 문자 (뜻 문자)	그림 문자나 사물의 형상을 본 떠 만든 상형 문자와 같이 시각에 의해 말을 전달한다.	한자
표음 문자 (소리 문자)	발음되는 소리를 중심으로 표기한다.	한글, 알파벳

※ 표기 문자 : 언어를 글로 적을 때 사용되는 문자

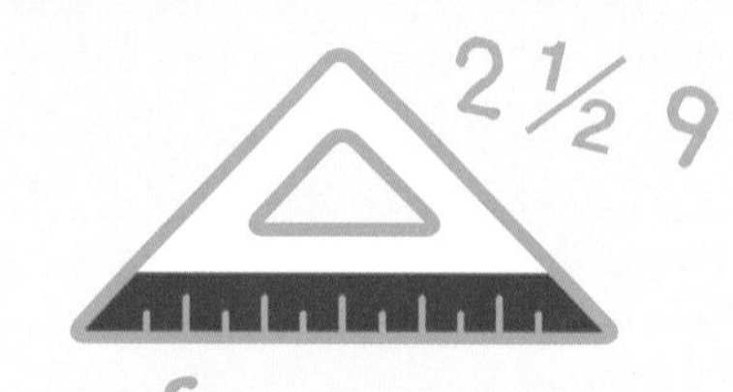

7강

논리와 확률 통계 ①

안쌤의 맛있는 영재 수학

2 1/2 9

4 + 6

8강

논리와 확률 통계 ②

8강 논리와 확률 통계 ②

수학 사고력

01 다음 도형의 ㉠~㉣ 네 부분을 빨간색, 노란색, 초록색, 파란색으로 색칠하려고 한다. 인접한 구역은 서로 다른 색으로 칠할 때 도형을 색칠할 수 있는 방법은 모두 몇 가지인지 풀이 과정과 함께 구하시오.

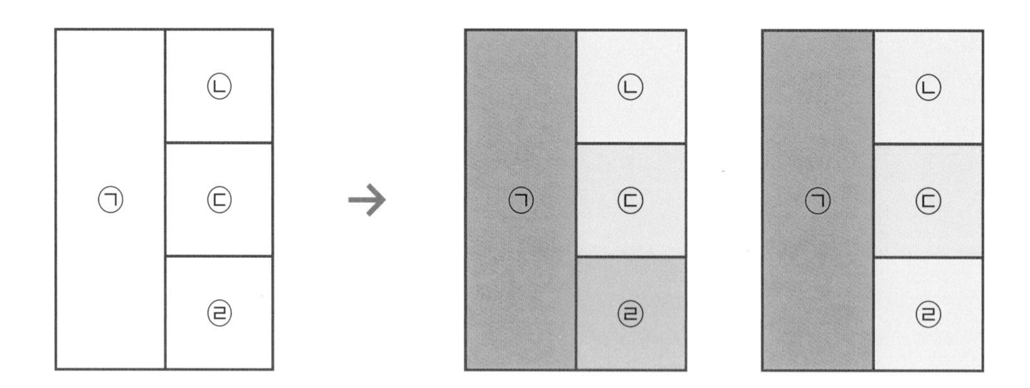

02 다음 그림과 같은 도로망이 있다. 색칠한 부분은 공사 중이어서 지나갈 수 없을 때 A에서 B까지 최단 거리로 갈 수 있는 방법은 모두 몇 가지인지 풀이 과정과 함께 구하시오.

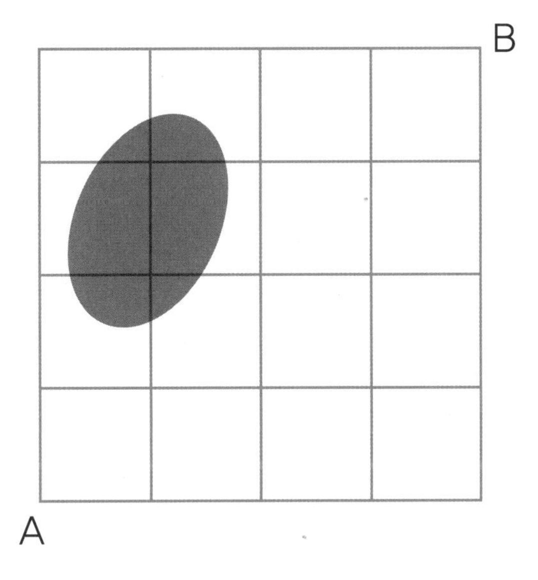

수학 사고력

03 토끼 한 쌍이 번식하면 수컷 4마리와 암컷 4마리를 낳는다. 한 쌍의 토끼가 새끼를 한 번 낳으면 더 이상 새끼를 낳을 수 없고, 새끼 수컷 4마리와 암컷 4마리가 자라 6개월 후에 그 안에서 쌍을 이루어 번식한다.

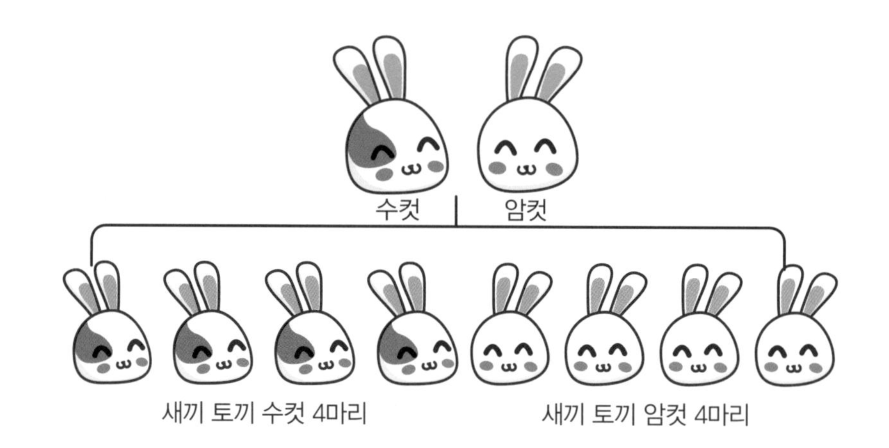

토끼 한 쌍이 번식하고 2년 후 토끼는 모두 몇 마리인지 풀이 과정과 함께 구하시오.

수학 사고력

04

6명의 학생이 둥근 탁자에 앉아 서로 좋아하는 동물이 무엇인지 이야기를 했다. 각 학생이 좋아하는 동물을 풀이 과정과 함께 구하시오. (단, 학생들이 좋아하는 동물은 모두 다르다.)

(가) 홍준이는 코끼리를 좋아하고, 서현이 옆에 앉아 있는 사람은 사자를 좋아한다.
(나) 수정이 양옆에는 홍준이와 서현이가 앉아 있다.
(다) 홍준이 맞은 편에 앉아 있는 사람은 사슴을 좋아한다.
(라) 수정이 맞은 편에 앉아 있는 사람은 강아지를 좋아한다.
(마) 서현이의 맞은편에 앉아 있는 사람은 고양이를 좋아한다.
(바) 재용이는 서현이 옆에 앉아 있는 사람과 마주 보고 앉아 있다.
(사) 여훈이의 맞은 편에 앉아 있는 사람은 호랑이를 좋아하고, 호랑이를 좋아하는 사람 옆에는 연우가 앉아 있다.

• 홍준 :

• 서현 :

• 수정 :

• 재용 :

• 여훈 :

• 연우 :

05 필통 안에 빨간색 펜 4개와 파란색 펜 2개가 있다. 필통 안을 보지 않고 펜을 꺼낼 때 빨간색 펜 2개와 파란색 펜 1개를 뽑는 경우의 수는 모두 몇 가지인지 풀이 과정과 함께 구하시오.

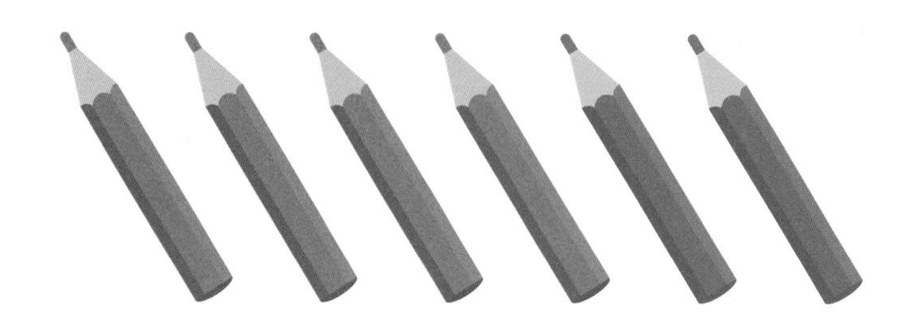

06 다음은 진성이와 시연이가 양궁 경기를 한 규칙과 결과이다.

〈규칙〉

① 양궁 과녁의 점수는 1점부터 10점까지이다.
② 1회부터 5회까지 총 5번 경기한다.
③ 각 세트당 3번씩 활을 쏴서 총점이 높은 사람이 이긴다.

1회 승리	진성
2회 승리	시연
3회 승리	시연
4회 승리	모름(무승부 아님)
5회 승리	무승부

2회까지 점수가 높은 사람	진성
3회까지 점수가 높은 사람	시연
총점	시연 : 134점 진성 : 135점

다음 점수표에 두 사람의 점수로 가능한 경우를 3가지 쓰시오.

구분	1회	2회	3회	4회	5회	총점
시연		27				134
진성	25		28			135

구분	1회	2회	3회	4회	5회	총점
시연		27				134
진성	25		28			135

구분	1회	2회	3회	4회	5회	총점
시연		27				134
진성	25		28			135

07 다음 글을 읽고 물음에 답하시오.

스마트폰 중독

2019년 국내 청소년 스마트폰 과의존률은 30.2 %였다. 스마트폰 과의존이란 일상에서 과도하게 스마트폰을 사용하고, 스마트폰 이용 정도를 스스로 조절하기 어려워지면서 가정과 학교생활 등에 여러 문제를 겪는 상태이다. 10~19세 청소년의 스마트폰 과의존률은 모든 연령대를 통틀어 가장 높았다. 스마트폰이 국내에 도입된 2011년 청소년의 스마트폰 과의존률이 11.4 %이었던 것에 비하면 8년 만에 3배 가까이 높아졌다.

(1) 다음은 5년간 연도별 초등학교 4학년 학생의 스마트폰 중독 현황을 표로 나타낸 것이다. 연도별 초등학교 4학년 학생의 위험 사용자군을 막대그래프로 나타내시오.

연도	2015	2016	2017	2018	2019
조사 인원(명)	352534	376027	423771	406736	393611
위험 사용자군(명)	2531	3163	4137	4265	4154
주의 사용자군(명)	14204	17688	22734	24672	24544

(2) 스마트폰은 우리 일상에서 없어서는 안될 필수품이 되었고 생활을 윤택하게 해주는 유용한 아이템이다. 그러나 스마트폰 중독이 될 경우 여러 가지 기능 저하를 가지고 올 수 있다. 오랜 시간 동안 스마트폰 사용이 인체에 미치는 영향을 3가지 서술하시오.

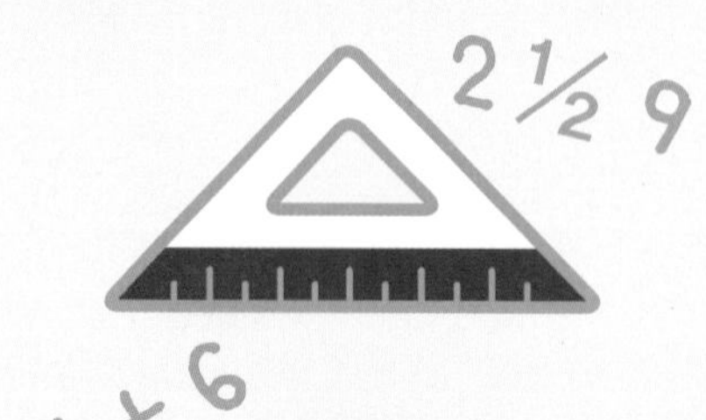

논리와 확률 통계 ②

안쌤의 경시사고력 초등 수학 시리즈

교내 · 외 경시대회, 창의사고력 대회, 영재교육원에서
자주 출제되는 경시사고력 유형을
대수, 문제해결력, 기하 + 조합 영역으로 분류하고
초등학생들의 수학 사고력을 기를 수 있는
신개념 초등 수학경시 기본서입니다.

풀이 및 정답

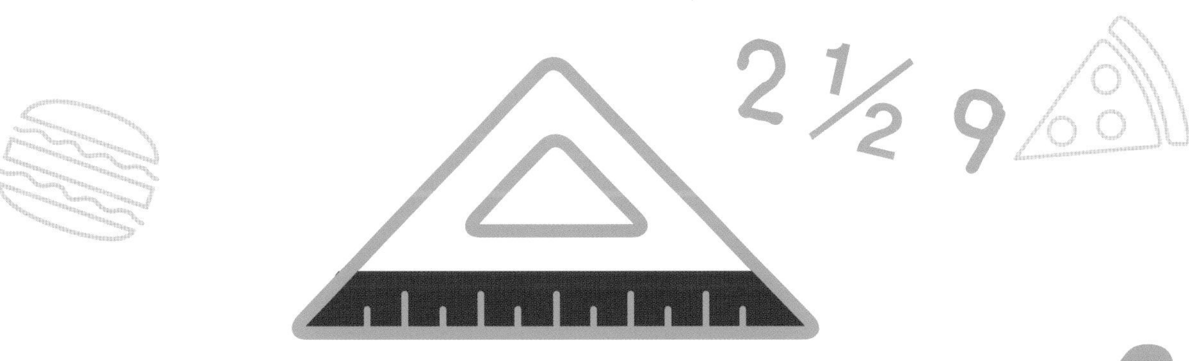

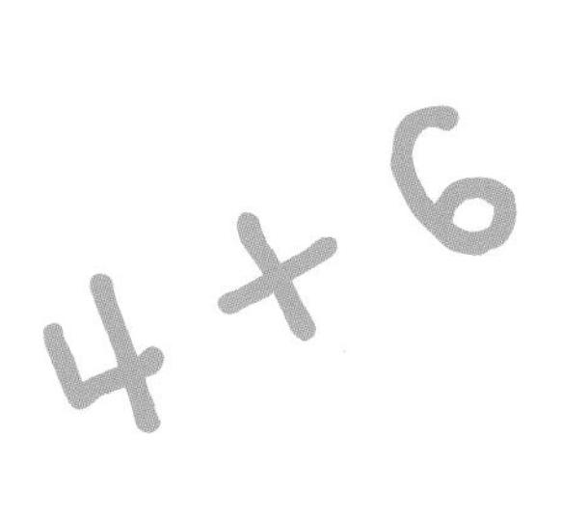

창의와 사고

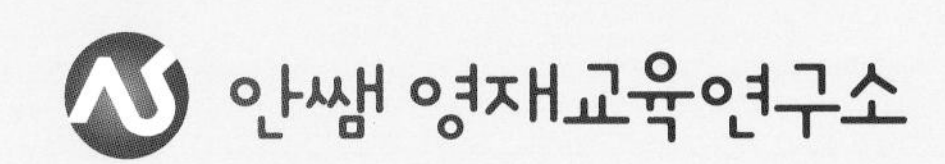

상위 1%가 되는 길로 안내하는 이정표로,
학생들이 꿈을 이루어갈 수 있도록 콘텐츠 개발과 강의 연구를 하고 있다.

공동저자

김단영(한국영재교육학회 이사), 정영철(행복한 영재들의 놀이터)

검수

고선양(무한상상홈협동조합), 김은미(KCS생각더하기학원), 손윤미(쏜쌤수학),
이도겸(헤일리수학), 이명희(엠투엠수학), 이정원(방과후강사), 이채린(MeSA학원),
장주라(브릿지공부방), 정은정(캠브리지영수학원), 정은주(피노키오쌤수학교육연구소),
조길현(브레노스 영재원), 조미란(엠투엠수학과학학원), 황가영(JEA학원)

영재성검사·창의적 문제해결력 평가 대비

1강 수와 연산 ①

일반 창의성

01 [예시답안]

- 두 자리 수이다.
- 50보다 작다.
- 홀수이다.
- 2로 나누었을 때 나머지가 1이다.
- 4로 나누었을 때 나머지가 1이다.
- 6, 8, 10으로 나누어 떨어지지 않는다.
- 십의 자리의 숫자가 1이 아니다.
- 십의 자리의 숫자가 5보다 작다.
- 어른(성인)의 나이가 될 수 있는 수이다.
- 4씩 커진다.

수학 사고력

02 **(1)** [모범답안]

- 풀이 과정

  13번은 등 번호표에 1장, 세 종목의 가슴 번호표에 한 장씩 있으므로 총 3장이다.

  따라서 13번 번호표의 개수는 1+3=4(장)이다.
- 정답 : 4장

(2) [모범답안]

- 풀이 과정

  같은 번호의 수가 2개인 것은 등 번호표 1장과 육상과 축구를 신청한 학생 수의 차다.

  축구를 신청한 학생 수를 □라고 하면 육상을 신청한 학생 수는 □+15이고,

  □+□+15=60−13=47, □=16(명)

  축구를 신청한 학생 수는 16명이고, 육상을 신청한 학생 수는 16+15=31(명)이다.

  같은 번호의 수가 1개인 것은 전체 인원에서 육상을 신청한 학생수를 뺀 값이므로

  60−31=29(장)이고,

  같은 번호의 수가 3개인 것은 축구와 야구를 신청한 학생 수의 차므로 16−13=3(장)이다.
- 정답 : A=29, B=3

[해설]

같은 번호의 수가 1개인 것은 등 번호표만 있는 것이고, 같은 번호의 수가 4개인 것은 등 번호표 1장과 가장 적은 학생이 신청한 종목의 학생 수이다.

03 [모범답안]

• 풀이 과정

어떤 수가 U자 모양의 관을 통과하여 3이 나오는 식은 (A−B+C)÷D=3으로 표현할 수 있다.
1부터 9까지 수 중 나눈 몫이 3인 경우 중 D가 3인 경우를 제외하고 가능한 경우는
3÷1=3, 6÷2=3이다.

① 3÷1=3인 경우 : 5가지

(5−4+2)÷1=3, (6−5+2)÷1=3, (7−6+2)÷1=3, (8−7+2)÷1=3, (9−8+2)÷1=3

② 6÷2=3인 경우 : 7가지

(9−8+5)÷2=3, (8−7+5)÷2=3, (7−6+5)÷2=3, (9−7+4)÷2=3, (8−6+4)÷2=3, (7−5+4)÷2=3, (9−4+1)÷2=3

따라서 가능한 식은 5+7=12(가지)이다.

• 정답 : 26가지

수학 사고력

04 (1) [모범답안]

• 풀이 과정
－최대값 : 9×9－1×1=81－1=80
－최소값 : 2×2－1×1=4－1=3
• 정답 : 최대값 80, 최소값 3

[해설]

최대값은 가장 큰 수를 두 번 곱한 값에서 가장 작은 수를 두 번 곱한 값을 뺀 값이다.
최소값은 두 번째로 작은 수를 두 번 곱한 값에서 가장 작은 수를 두 번 곱한 값을 뺀 값이다.
1×1=1, 2×2=4, 3×3=9, 4×4=16, 5×5=25, 6×6=36, 7×7=49, 8×8=64, 9×9=81

(2) [모범답안]

• 풀이 과정
각각의 수를 두 번씩 곱한 값의 차가 15가 되는 수는 4와 1, 8과 7이다.
㉠이 가장 큰 수이므로 ㉠은 8, ㉡은 7, ㉢은 4, ㉣은 1이다.
• 정답 : ㉠=8, ㉡=7, ㉢=4, ㉣=1

[해설]

8×8－7×7=64－49=15, 4×4－1×1=16－1=15

(3) [모범답안]

• 풀이 과정
㉣◈㉢=24에서 각각의 수를 두 번씩 곱한 값의 차가 24가 되는 수는 5와 1, 7과 5이므로 ㉢은 1 또는 5이다.
㉠◈㉡=㉢에서 각각의 수를 두 번씩 곱한 값의 차가 1이 되는 수는 없고, 5가 되는 수는 3과 2이다.
따라서 ㉠은 3. ㉡은 2, ㉢은 5, ㉣은 7이다.
• 정답 : ㉠=3, ㉡=2, ㉢=5, ㉣=7

[해설]

5×5－1×1=25－1=24, 7×7－5×5=49－25=24, 3×3－2×2=9－4=5

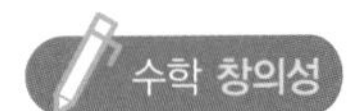

05 (1) [모범답안]

17	12	13
10	14	18
15	16	11

[해설]

10부터 18까지 수 중에서 가운데 수 3개는 13, 14, 15이다.

$13+14+15=42$이므로 가로, 세로, 대각선에 놓인 수의 합이 42가 되도록 수를 배치한다.

(2) [모범답안]

16	2	3	13
5	11	10	8
9	7	6	12
4	14	15	1

11	2	8	13
5	16	10	3
14	7	1	12
4	9	15	6

[해설]

1부터 16까지 수 중에서 가운데 수 4개는 7, 8, 9, 10이다.

$7+8+9+10=34$이므로 가로, 세로, 대각선에 놓인 수의 합이 34가 되도록 수를 배치한다.

수학 창의성

06 [예시답안]

- $1=\frac{1}{2}+\frac{1}{4}+\frac{1}{8}+\frac{1}{8}$
- $1=\frac{1}{2}+\frac{1}{4}+\frac{1}{8}+\frac{1}{16}+\frac{1}{16}$
- $1=\frac{1}{2}+\frac{1}{4}+\frac{1}{8}+\frac{1}{16}+\frac{1}{32}+\frac{1}{32}$
- $1=\frac{1}{3}+\frac{1}{3}+\frac{1}{6}+\frac{1}{6}$
- $1=\frac{1}{3}+\frac{1}{3}+\frac{1}{6}+\frac{1}{9}+\frac{1}{18}$
- $1=\frac{1}{2}+\frac{1}{4}+\frac{1}{8}+\frac{1}{16}+\frac{1}{32}+\frac{1}{64}+\frac{1}{64}$

07 (1) [모범답안]

- 풀이 과정
  100 m 높아질 때 0.6 ℃만큼 낮아지므로, 100 m 낮아질 때 0.6 ℃만큼 높아진다.
  따라서 한라산 정상에서 1000m 낮은 곳의 온도는
  1+0.6+0.6+0.6+0.6+0.6+0.6+0.6+0.6+0.6+0.6=7(℃)이다.
- 정답 : 7 ℃

(2) [예시답안]

- 온도가 낮아 관절과 근육이 굳어 있으므로 평소보다 준비 운동을 더 많이 한다.
- 추위에 노출되지 않도록 모자와 장갑 등 방한용품을 반드시 준비한다
- 저체온증에 대비하여 피부에 직접 닿는 옷은 면 소재를 입지 않는다.
- 저체온증을 대비하여 땀이 나 옷이 젖으면 여분의 옷으로 갈아입는다.
- 빙판을 대비하여 아이젠을 준비한다.
- 서리와 얼음 등으로 미끄러지기 쉬우므로 발밑을 조심한다.
- 등산지팡이를 활용해서 넘어지지 않도록 조심한다.
- 눈이 쌓인 산길에서 길을 잘못 들었을 때는 왔던 길을 따라 되돌아간다.
- 눈이 쌓인 산길은 평소보다 더 많은 시간이 걸리므로 오후 4시 이전에 하산한다.
- 겨울에는 해가 빨리 지므로 오후 4시 이전에 하산한다.
- 방한 양말과 방한 신발로 발이 어는 것을 막는다.
- 눈이 빛을 반사하여 눈부심이 심하므로 선글라스를 쓴다.
- 초콜렛 등 고열량 간식을 준비하여 체력을 보충한다.

[해설]

겨울 산행 시 땀을 많이 흘려 옷이 젖으면 저체온증이나 동상의 위험이 있다. 저체온증을 막기 위해 피부에 직접 닿는 옷은 면 소재 대신 땀을 잘 흡수하면서 통풍도 잘 되고 잘 마르는 기능성 소재로 된 옷을 입는 것이 좋다. 눈이 쌓였을 때는 평소에 아는 산길이라도 원근감이 떨어지고 등산로의 구분이 어려워 조난되기 쉽다. 산행 중 혹시 모를 사고에 대비하여 등산로 곳곳에 설치된 국가지점번호나 등산로 위치표지판을 확인하여 조난 시 자신의 위치를 알릴 수 있도록 한다.

수와 연산 ②

01 [예시답안]

- 137.8 cm 등 사람의 키를 나타낼 때 사용한다.
- 37.3 kg 등 사람이나 동물의 몸무게를 나타낼 때 사용한다.
- 좌 1.5, 우 1.3처럼 시력을 나타낼 때 사용한다.
- 은행의 이자율을 나타낼 때 사용한다.
- 야구선수의 타율을 나타낼 때 사용한다.
- 1.5 L 탄산음료 등 액체의 부피를 나타낼 때 사용한다.
- 국회의원이나 대통령 선거에서 지지율이나 개표율 등을 나타낼 때 사용한다.
- 2.5달러 등 달러화를 나타낼 때 사용한다.
- 6, 6.5 등으로 미국 신발 사이즈를 나타낼 때 사용한다.
- 1달러는 1247.5원 등 환율을 나타낼 때 사용한다.
- 주요 경제지표 전년동기대비 13.5 % 감소 등 경제지표의 동향을 나타낼 때 사용한다.
- 석유 가격이 2.5 % 상승, 소비자 물가지수가 1.5 %하락 등 통계를 나타낼 때 사용한다.

02 [모범답안]

- 풀이 과정

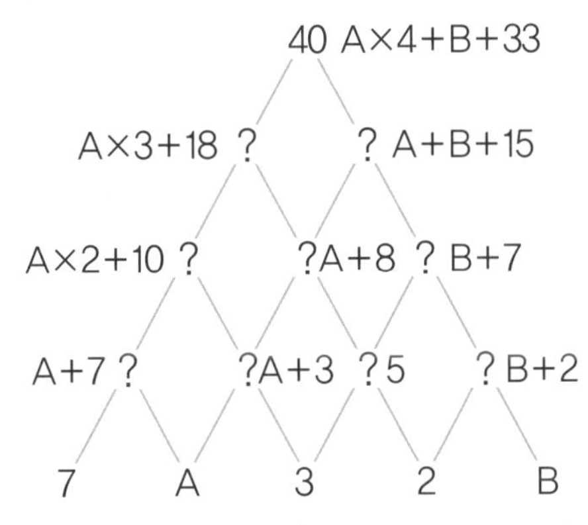

각 ?에 들어갈 식을 구하면 위와 같다.

$A \times 4 + B + 33 = 40$, $A \times 4 + B = 7$

① $A=1$인 경우 : $1 \times 4 + B = 7$, $B=3$

② $A=2$인 경우 : $2 \times 4 + B = 7$, B는 자연수가 아니다.

- 정답 : $A=1$, $B=3$

[해설]

[다른 풀이]

위로 올라가는 덧셈식이므로 ?에 7, A, 3, 2, B가 들어가는 횟수로 구할 수 있다.

7은 1번, A는 4번, 3은 6번, 2는 4번, B는 1번 들어간다.

$7+A\times4+3\times6+2\times4+B=40$, $A\times4+B=7$

03 [모범답안]

- 풀이 과정

  3+4+5+6+7+8+9+10=52

  4+5+6+7+8+9+10+11=60

  8개 연속된 수의 합은 52부터 8씩 커진다.

  (130−52)÷8=78÷8=9⋯6, 52 이후 9개이다.

  따라서 연속된 수의 합이 될 수 있는 경우는 모두 10가지이다.

- 정답 : 10가지

[해설]

[다른 풀이]

- 풀이 과정

  연속된 8개의 수의 합은

  □+(□+1)+(□+2)+(□+3)+(□+4)+(□+5)+(□+6)+(□+7)=□×8+28이다.

  □×8+28이 50보다 크고 130보다 작으려면

  □×8은 22보다 크고 102보다 작다.

  22÷8=2⋯6, 102÷8=12⋯6

  따라서 □가 될 수 있는 수는 3부터 12까지 10가지이다.

- 정답 : 10가지

04 (1) [모범답안]

• 풀이 과정

일의 자리에서 사용된 경우 : 10, 20, 30, …, 420, 430 → 43번

십의 자리에서 사용된 경우 : 100, 101, 102, …, 108, 109, 200, …, 209, 300, …309, 400, …, 409 → 40번

따라서 쪽 번호에 사용된 숫자 0은 43+40=83(번)이다.

• 정답 : 83분

(2) [모범답안]

• 풀이 과정

한 자리 수는 1부터 9까지 모두 9개이다.

두 자리 수는 10부터 99까지 모두 90개이며, 숫자의 개수는 $90\times2=180$(개)이다.

1부터 99까지 순서대로 나열하면 마지막 9는 189번째 숫자이다.

431번째 숫자까지는 $431-189=242$(개)의 숫자를 더 나열할 수 있고,

세 자리 수는 숫자가 3개씩 이므로 $242\div3=80\cdots2$이므로

431번째 숫자는 100에서 시작하여 81번째 있는 숫자의 십의 자리 숫자이다.

따라서 순서대로 나열했을 때 431번째 숫자는 180쪽에 있는 십의 자리 숫자 8이다.

• 정답 : 180쪽, 8

(3) [모범답안]

• 풀이 과정

1부터 399까지 수에서 가장 많이 사용된 숫자는

백의 자리에서 각각 100번씩 사용된 숫자 1, 2, 3이며,

각각 백의 자리에서 100번, 십의 자리에서 40번, 일의 자리에서 40번 사용되었으므로

사용된 횟수는 100+40+40=180(번)이다.

400부터 431까지 수에서 가장 많이 사용된 숫자는 1이며,

십의 자리에서 10번, 일의 자리에서 4번 사용되었으므로 사용된 횟수는 10+4=14(번)이다.

따라서 가장 많이 사용된 숫자는 1이고, 사용된 횟수는 모두 180+14=194(번)이다.

• 정답 : 1, 194번

05 [모범답안]

• 풀이 과정

세 사람이 가지고 있는 구슬이 모두 36개이므로 마지막에는 각각 12개씩 갖는다.

세 사람이 가지고 있는 구슬의 개수를 거꾸로 생각하면 다음과 같다.

구분	서현	홍준	수정
마지막	12	12	12
홍준 → 수정, 1개를 주기 전	12	12+1=13	12−1=11
수정 → 서현과 홍준, 각각 2개를 주기 전	12−2=10	13−2=11	11+4=15
서현 → 홍준과 수정, 각각 1묶음을 주기 전	10×3=30	11−10=1	15−10=5

따라서 처음 세 사람이 가지고 있던 구슬의 개수는 서현 30개, 홍준 1개, 수정 5개이다.

• 정답 : 서현 30개, 홍준 1개, 수정 5개

06 [예시답안]

• 298 : 2×9×8=144
• 297 : 2×9×7=126
• 296 : 2×9×6=108
• 289 : 2×8×9=144
• 288 : 2×8×8=128
• 287 : 2×8×7=112
• 279 : 2×7×9=126
• 278 : 2×7×8=112
• 269 : 2×6×9=108

[해설]

• 1부터 99까지 : 9×9=81이므로 각 자리 숫자의 곱이 100을 넘지 않는다.

• 100부터 199까지 : 백의 자리 숫자는 1이고, 1은 다른 수와 곱해도 크기가 같으므로 각 자리 숫자의 곱이 100을 넘지 않는다.

• 200부터 299까지

− 십의 자리 숫자가 9인 경우 : 일의 자리 숫자를 □라고 하면 29□이고,
각 자리 숫자의 곱은 18×□이다.
18×□가 100보다 크려면 100÷18=5···10이므로 □는 6 이상의 자연수이므로 6, 7, 8이다.
→ 296, 297, 298

–십의 자리 숫자가 8인 경우 : 일의 자리 숫자를 □라고 하면 28□이고, 각 자리 숫자의 곱은 16×□이다.
16×□가 100보다 크려면 □는 100÷16=6…4이므로 □는 7 이상의 자연수이므로 7, 8, 9이다.
→ 287, 288, 289
–십의 자리 숫자가 7인 경우 : 일의 자리 숫자를 □라고 하면 27□이고, 각 자리 숫자의 곱은 14×□이다.
14×□가 100보다 크려면 □는 100÷14=7…2이므로 □는 8 이상의 자연수이므로 8, 9이다.
→ 278, 279
–십의 자리 숫자가 6인 경우 : 일의 자리 숫자를 □라고 하면 26□이고, 각 자리 숫자의 곱은 12×□이다.
12×□가 100보다 크려면 □는 100÷12=8…4이므로 □는 9 이상의 자연수이므로 9이다.
→ 269
–십의 자리 숫자가 5 이하인 경우 : 만족하는 수가 없다.

융합 사고력

07 (1) [모범답안]

• 풀이 과정
낮은 도의 물의 양과 진동수의 곱은 260×120=31200이고,
높은 도의 물의 양과 진동수의 곱은 520×60=31200이다.
각 컵의 물의 양과 진동수의 곱은 같으므로 솔 음을 만들기 위해 필요한 물의 양은 31200÷390=80(mL)이다.
• 정답 : 80 mL

[해설]

유리잔에 담긴 물의 양이 적을수록 가벼우므로 물이 흔들리며 진동하는 모습이 크고 진동하는 횟수가 많아 높은 소리가 난다. 물의 양뿐만 아니라 유리잔의 크기, 모양, 두께에 따라 소리의 높낮이를 조절할 수 있다.

(2) [예시답안]

① 고무줄 가야금

• 악기 모양 : 두 개의 나무 막대 사이의 고무줄의 길이를 다르게 한 후 줄을 뜽겨 소리를 낸다.

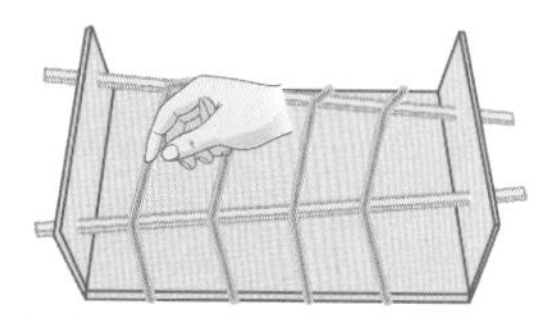

• 음을 다르게 하는 방법 : 긴 줄을 뜽기면 낮은 소리가 나고, 짧은 줄을 뜽기면 높은 소리가 난다.

② 유리병 실로폰

• 악기 모양 : 컵에 물의 양을 다르게 넣은 후 컵을 두드려 소리를 낸다.

• 음을 다르게 하는 방법 : 물이 많은 컵을 두드리면 낮은 소리가 나고, 물이 적은 컵을 두드리면 높은 소리가 난다.

③ 숟가락 실로폰

• 악기 모양 : 크기가 다른 숟가락을 실로 묶은 후 숟가락을 두드려 소리를 낸다.

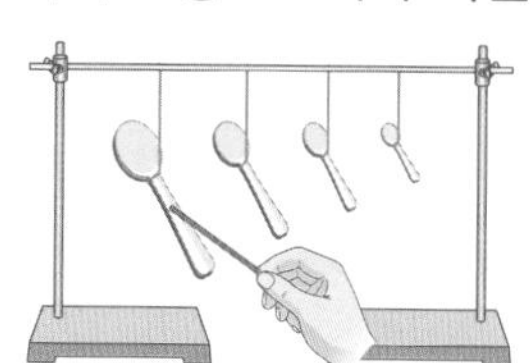

• 음을 다르게 하는 방법 : 무거운 숟가락을 두드리면 낮은 소리가 나고, 가벼운 숟가락을 두드리면 높은 소리가 난다.

④ 유리병 피리

• 악기 모양 : 유리병에 물의 양을 다르게 넣은 후 입구를 불어 소리를 낸다.

• 음을 다르게 하는 방법 : 물이 많은 유리병을 불면 높은 소리가 나고, 물이 적은 유리병을 불면 낮은 소리가 난다.

3강 도형과 측정 ①

일반 창의성

01 [예시답안]

• 수학 개념 : 평행 또는 평행선
• 생활 속에서 모양이나 상태를 찾을 수 있는 곳
– 도로의 차선이 평행하다.
– 기찻길이 평행하다.
– 기타 줄이 평행하다.
– 피아노 건반이 평행하다.
– 책장이나 선반은 각 칸이 평행하다.
– 사다리의 발판이 평행하다.
– 사다리의 기둥이 평행하다.
– 바코드의 선들이 평행하다.
– 공책 안의 선들이 평행하다.
– 도로 양쪽의 가로수가 평행하게 심어져 있다.
– 창문틀은 가로 방향과 세로 방향으로 평행하다.
– 수 11은 숫자 1 두 개가 서로 평행하게 놓여 있다.
– 한글 ㅁ은 가로 방향과 세로 방향의 평행선이 있다.

수학 사고력

02 [모범답안]

• 풀이 과정

- 사각형 1개로 이루어진 직사각형 : 10개
- 사각형 2개로 이루어진 직사각형 : 8개
- 사각형 3개로 이루어진 직사각형 : 6개
- 사각형 4개로 이루어진 직사각형 : 1개
- 사각형 5개로 이루어진 직사각형 : 1개
- 사각형 6개로 이루어진 직사각형 : 1개
- 사각형 7개로 이루어진 직사각형 : 1개
- 사각형 8개로 이루어진 직사각형 : 1개
- 사각형 9개로 이루어진 직사각형 : 없음
- 사각형 10개로 이루어진 직사각형 : 1개

따라서 크고 작은 직사각형의 개수는 10+8+6+1+1+1+1+1+1=30(개)이다.

• 정답 : 30개

[해설]

• 사각형 1개로 이루어진 직사각형 : ㉠, ㉡, ㉢, ㉣, ㉤, ㉥, ㉦, ㉧, ㉨, ㉩
• 사각형 2개로 이루어진 직사각형 : ㉡+㉢, ㉡+㉣, ㉢+㉧, ㉣+㉦, ㉤+㉥, ㉥+㉦, ㉧+㉩, ㉨+㉩
• 사각형 3개로 이루어진 직사각형 : ㉠+㉡+㉣, ㉠+㉤+㉥, ㉡+㉣+㉦, ㉢+㉧+㉩, ㉣+㉦+㉧, ㉤+㉥+㉦
• 사각형 4개로 이루어진 직사각형 : ㉤+㉥+㉦+㉨
• 사각형 5개로 이루어진 직사각형 : ㉡+㉢+㉣+㉦+㉧
• 사각형 6개로 이루어진 직사각형 : ㉠+㉡+㉣+㉤+㉥+㉦
• 사각형 7개로 이루어진 직사각형 : ㉠+㉡+㉣+㉤+㉥+㉦+㉨
• 사각형 8개로 이루어진 직사각형 : ㉠+㉡+㉢+㉣+㉤+㉥+㉦+㉧
• 사각형 9개로 이루어진 직사각형 : 없음
• 사각형 10개로 이루어진 직사각형 : ㉠+㉡+㉢+㉣+㉤+㉥+㉦+㉧+㉨+㉩

[다른 풀이]

• ㉡과 같은 크기 : ㉡, ㉢, ㉣, ㉦, ㉤, ㉥. ㉩ → 7개
• ㉡의 2배 : ㉧, ㉡+㉢. ㉡+㉣, ㉣+㉦, ㉤+㉥, ㉥+㉦→ 6개
• ㉡의 3배 : ㉨, ㉢+㉧, ㉧+㉩, ㉡+㉣+㉦, ㉤+㉥+㉦, → 5개
• ㉡의 4배 : ㉠, ㉨+㉩, ㉢+㉧+㉩, ㉣+㉦+㉧ → 4개
• ㉡의 6배 : ㉠+㉡+㉣, ㉠+㉤+㉥, ㉤+㉥+㉦+㉨, ㉡+㉢+㉣+㉦+㉧ → 4개
• ㉡의 9배 : ㉠+㉡+㉣+㉤+㉥+㉦ → 1개
• ㉡의 12배 : ㉠+㉡+㉢+㉣+㉤+㉥+㉦+㉧, ㉠+㉡+㉣+㉤+㉥+㉦+㉨ → 2개
• ㉡의 16배 : ㉠+㉡+㉢+㉣+㉤+㉥+㉦+㉧+㉨+㉩ → 1개

수학 창의성

03 [예시답안]

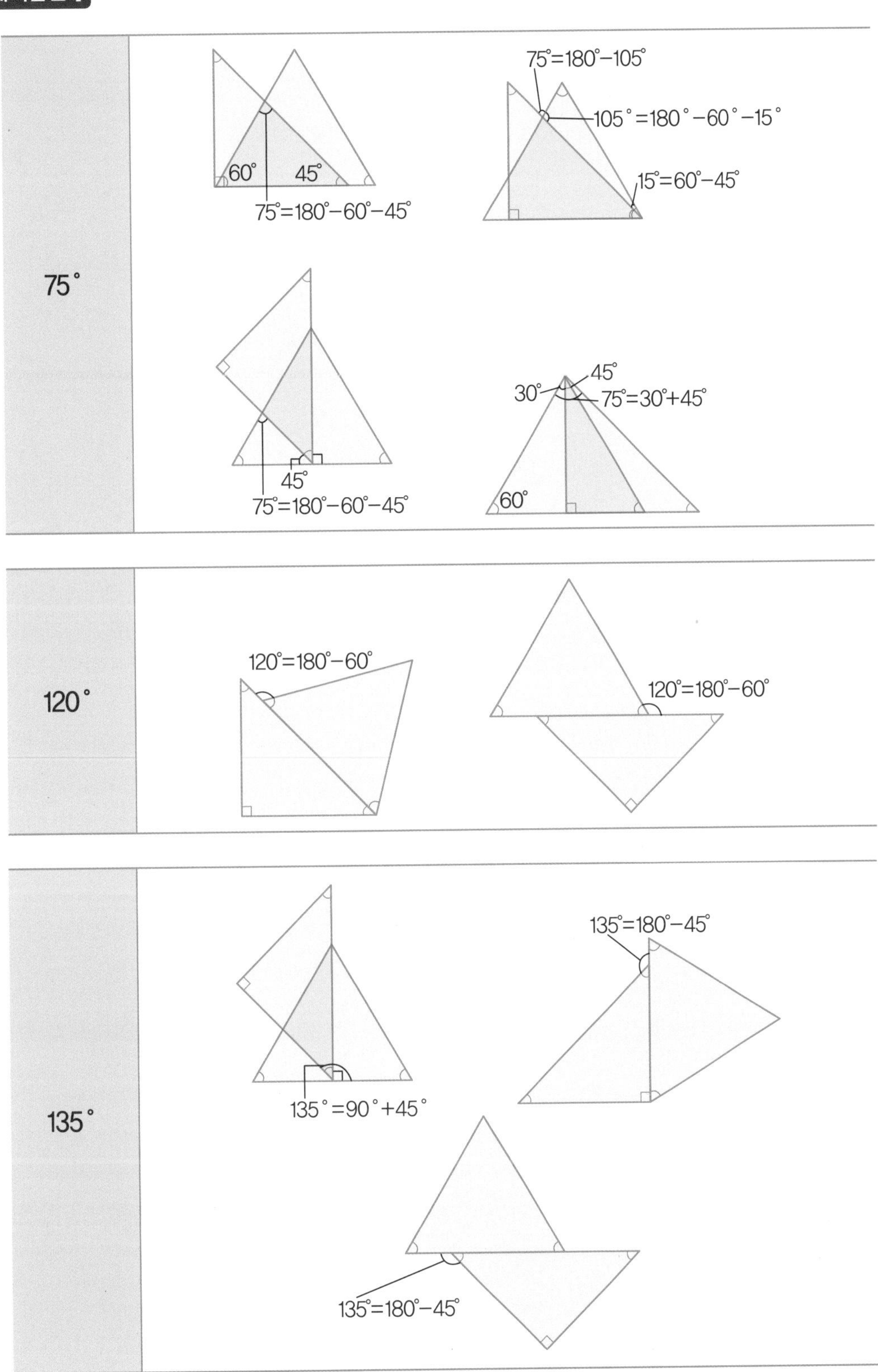
75˚
60˚
45˚
75˚=180˚−60˚−45˚
75˚=180˚−105˚
105˚=180˚−60˚−15˚
15˚=60˚−45˚
45˚
75˚=180˚−60˚−45˚
30˚
45˚
75˚=30˚+45˚
60˚
120˚
120˚=180˚−60˚
120˚=180˚−60˚
135˚
135˚=90˚+45˚
135˚=180˚−45˚
135˚=180˚−45˚

04 [예시답안]

〈조건 1〉

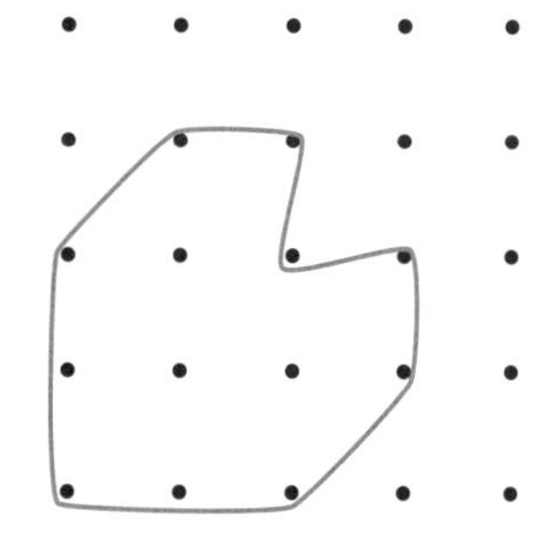

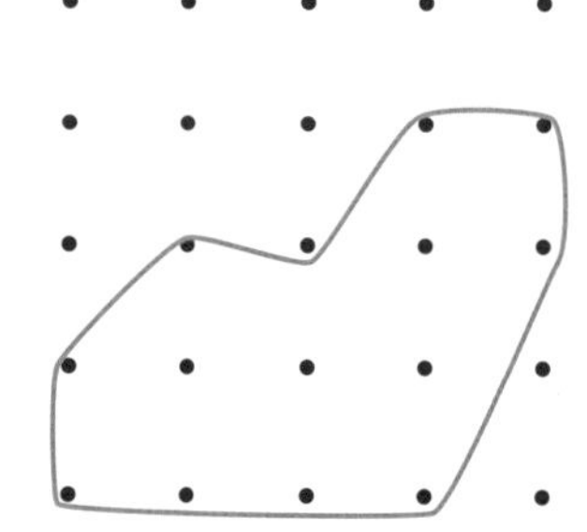

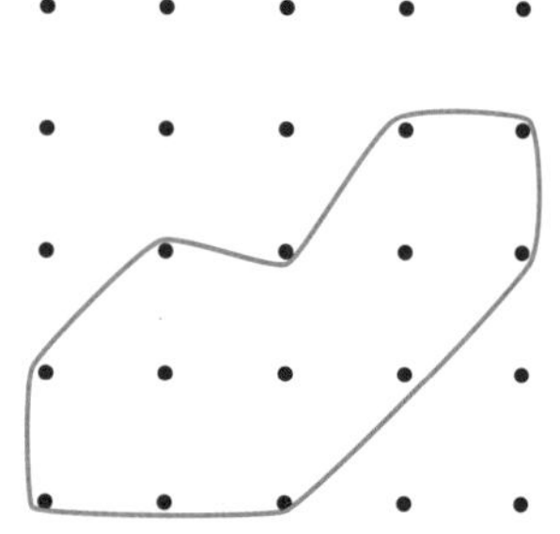

〈조건 2〉

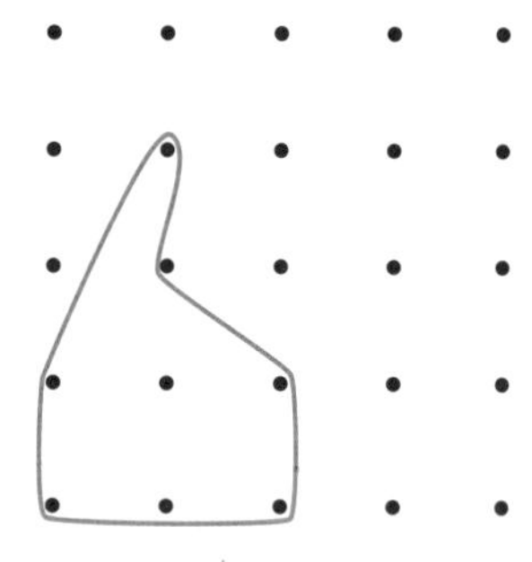

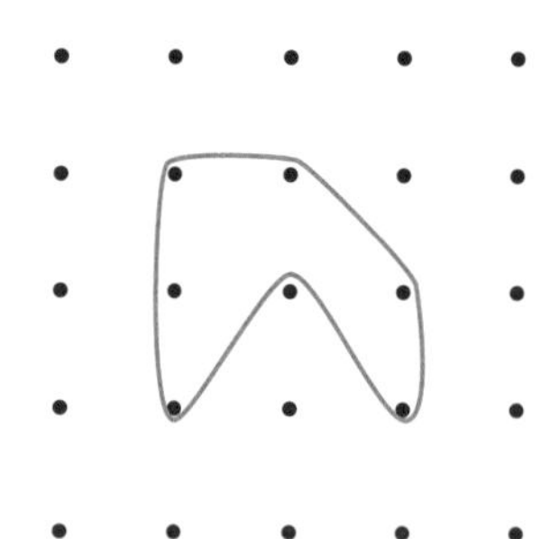

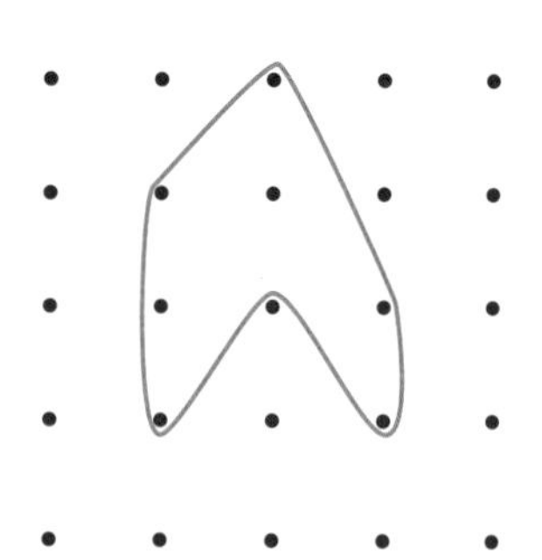

〈조건 3〉

① 고무줄과 닿는 핀의 개수 : 10개

② 고무줄 안쪽 꼭짓점의 개수 : 6개

③ 고무줄 바깥쪽 꼭짓점의 개수 : 2개

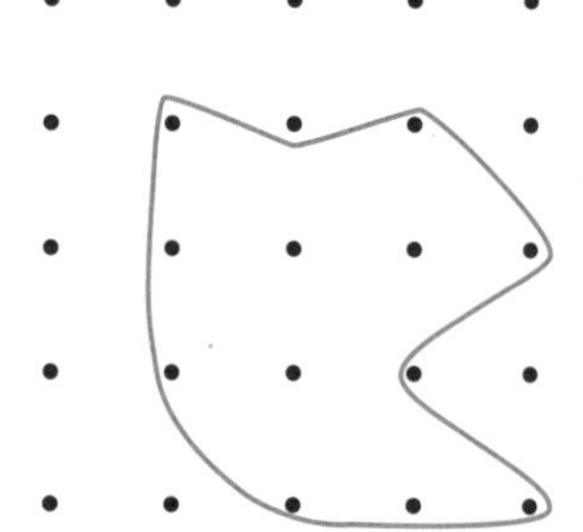

[해설]

〈조건 1〉과 〈조건 2〉는 다양한 방법으로 고무줄을 끼울 수 있으며, 〈조건 3〉은 다양한 모양으로 그릴 수 있다.

05 (1) [예시답안]

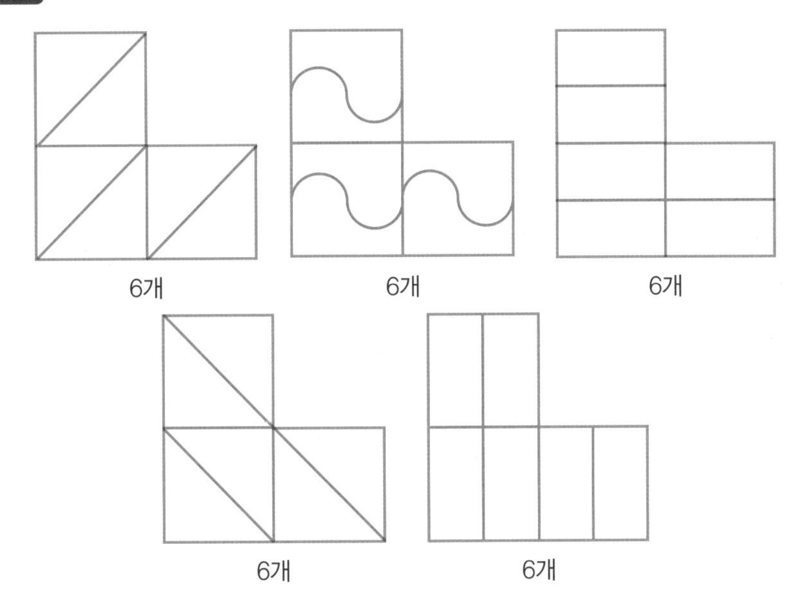

(2) [예시답안]

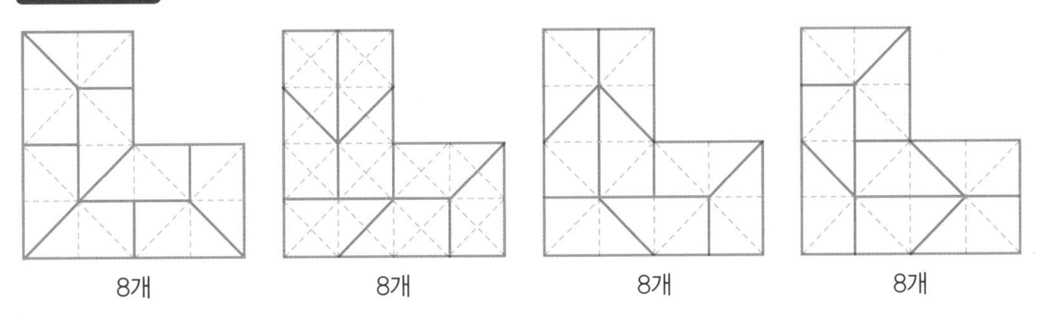

(3) [예시답안]

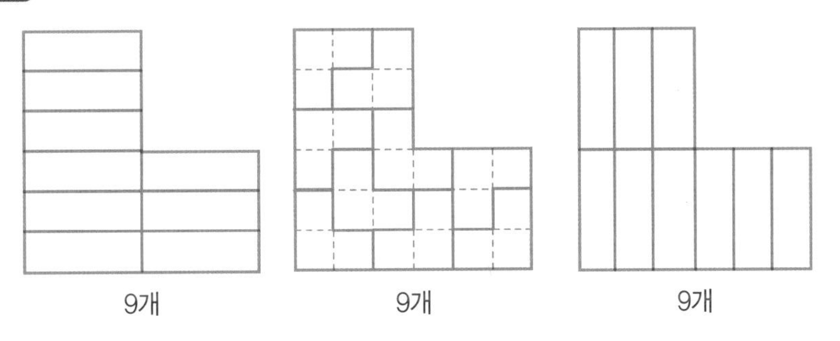

[해설]

다양한 방법으로 나타낼 수 있다.

06 (1) [예시답안]

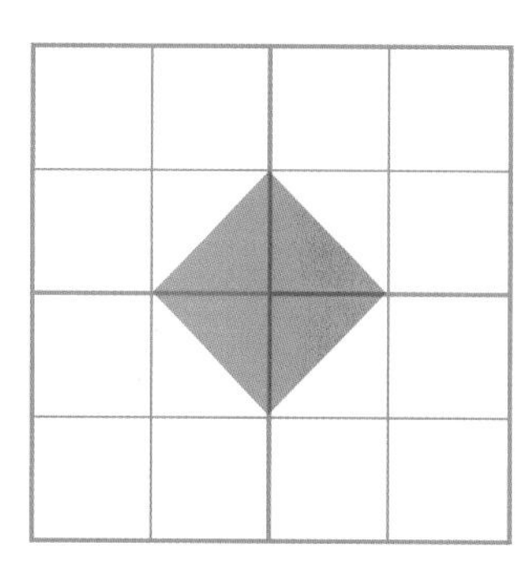
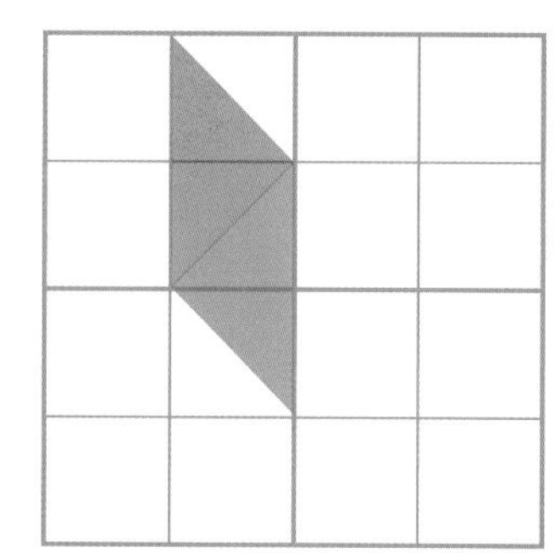

(2) [예시답안]

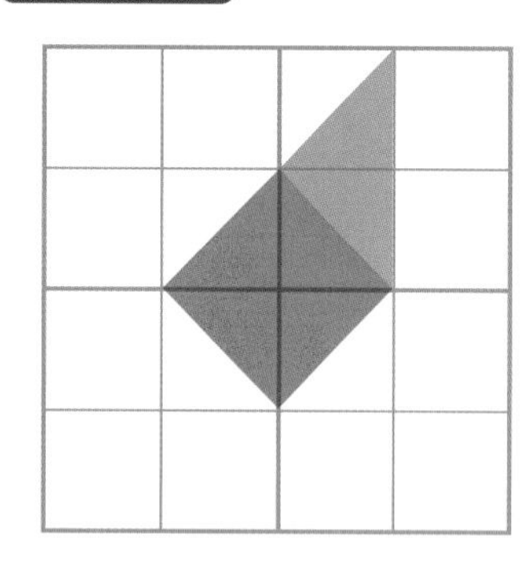
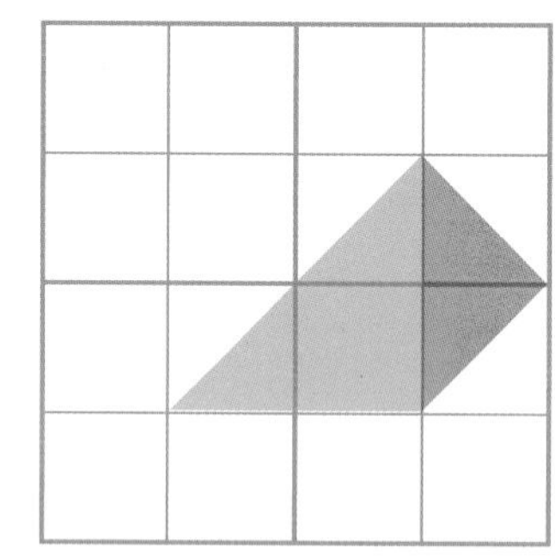
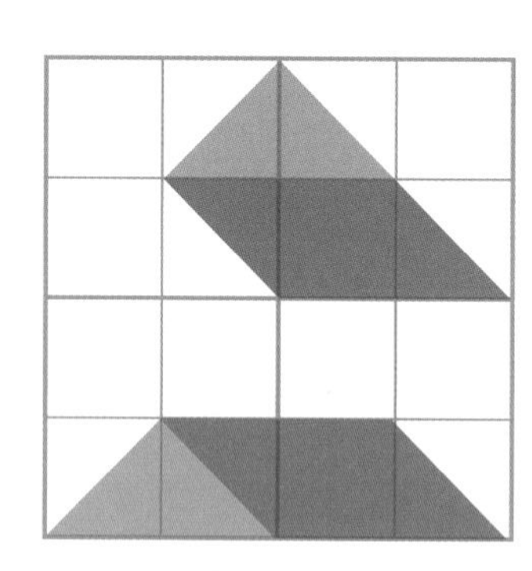

(3) [예시답안]

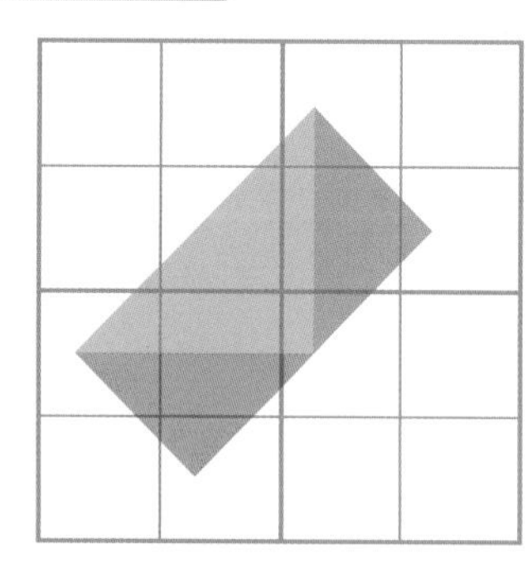
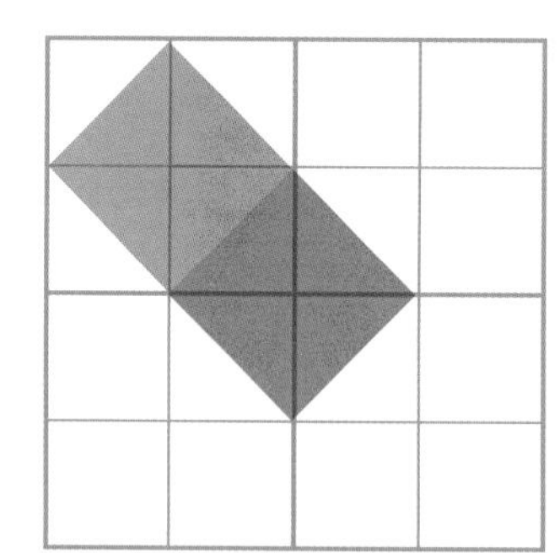
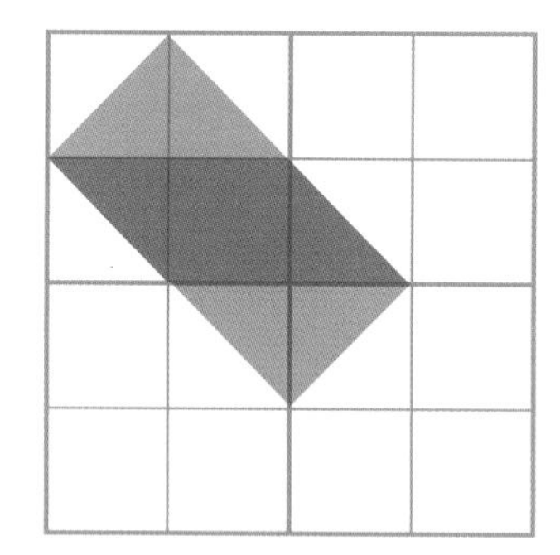

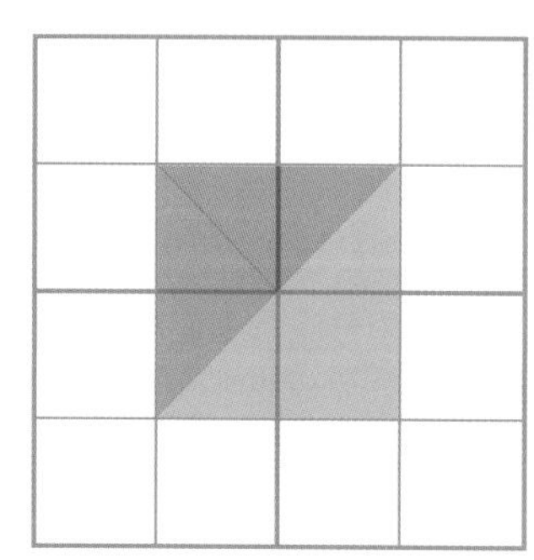
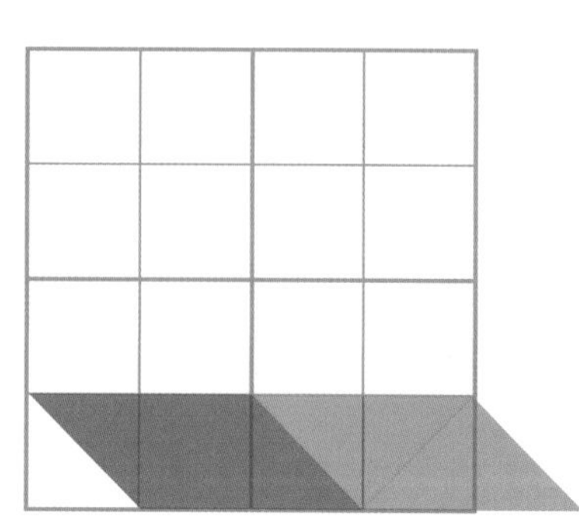

[해설]

다양한 방법으로 그릴 수 있다.

－넓이가 1인 조각 : ㉢, ㉣

－넓이가 2인 조각 : ㉤, ㉥, ㉦　　－넓이가 4인 조각 : ㉠, ㉡

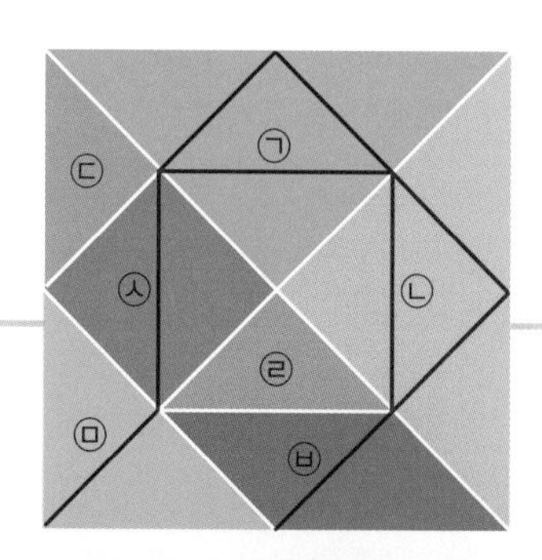

융합 사고력

07 (1) [모범답안]

- 최소 횟수 : 4회
- 최대 횟수 : 16회

[해설]

최소 횟수는 돌을 이동하지 않고 오른쪽 돌부터 순서대로 가져가는 경우이다. 최대 횟수는 순서대로 돌을 이동할 수 있을 때까지 이동하고 오른쪽 돌을 가져가는 경우이다. 게임판에서 검은 돌을 가져갈 때까지 최대 횟수로 돌을 이동하거나 가져가는 경우는 다음과 같다.

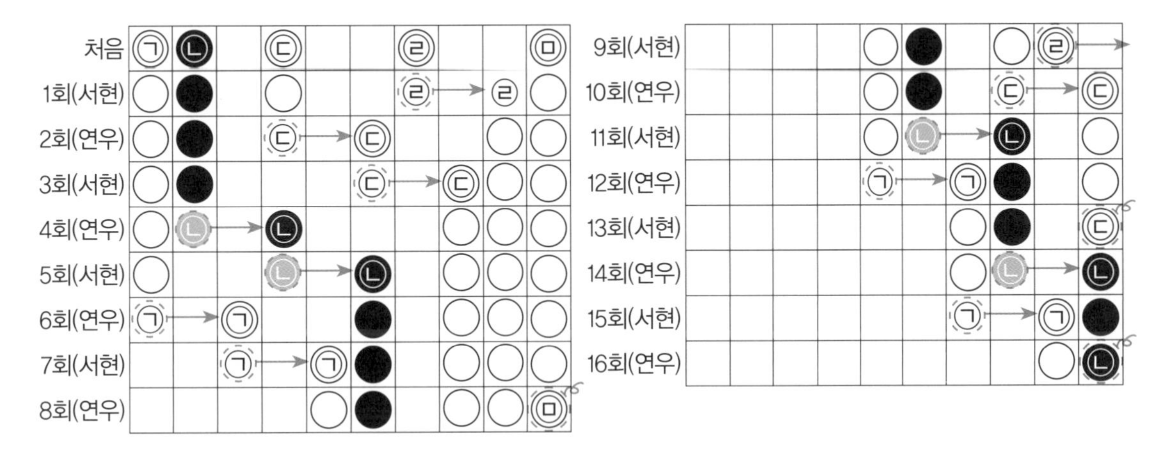

처음 돌의 위치	㉠	㉡		㉢			㉣			㉤
이동하는 횟수(회)	4	4		3			1			0
가져가는 횟수(회)		1		1			1			1
총 횟수(회)	4	5		4			2			1

총 횟수가 4+5+4+2+1=16(회)가 되므로 16회 때 연우가 검은 돌을 가져간다.

(2) **[예시답안]**

네 번째 칸에서 다섯 번째 칸으로 위치를 바꾼 흰 돌

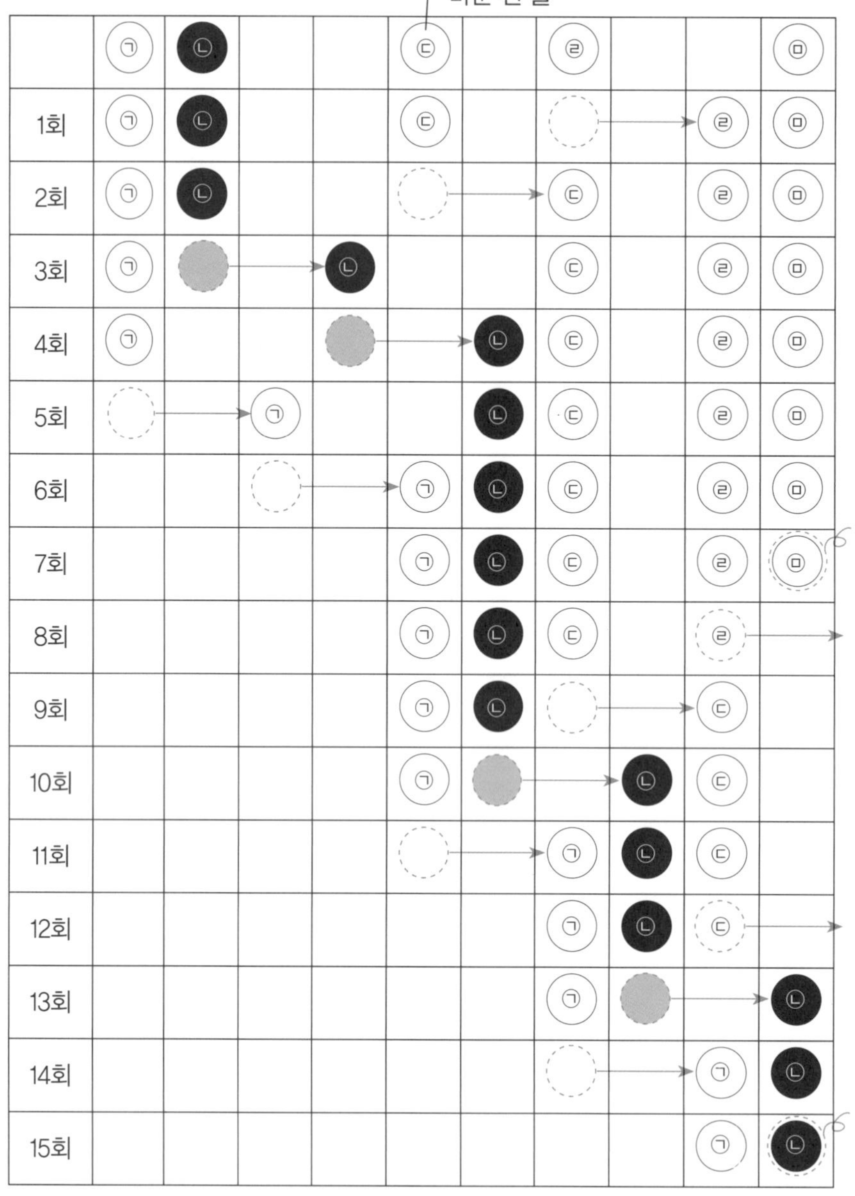

[해설]

기존 게임판에서는 최대 횟수가 16회로 짝수이므로 흰 돌 중 하나를 옮겨 최대 횟수가 홀수가 되게 한다. 돌을 이동하거나 가져가는 방법은 여러 가지가 있다.

처음 돌의 위치	㉠	㉡			㉢		㉣			㉤
이동하는 횟수(회)	4	4			2		1			0
가져가는 횟수(회)		1			1		1			1
총 횟수(회)	4	5			3		2			1

게임판에서 네 번째 칸의 돌을 다섯 번째 칸으로 옮기면 총 횟수가 4+5+3+2+1=15(회)가 되므로 먼저 시작한 사람이 최대 횟수로 검은 돌을 가져갈 수 있다.

4강 도형과 측정 ②

수학 사고력

01 [예시답안]

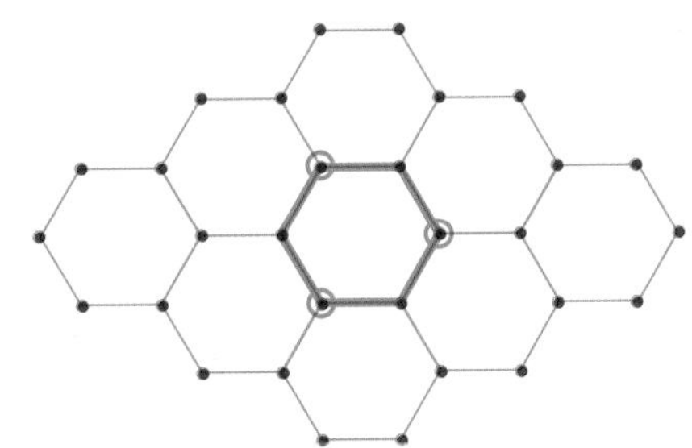

각 점 사이의 최단 경로 : 2칸

각 점 사이의 최단 경로 : 4칸

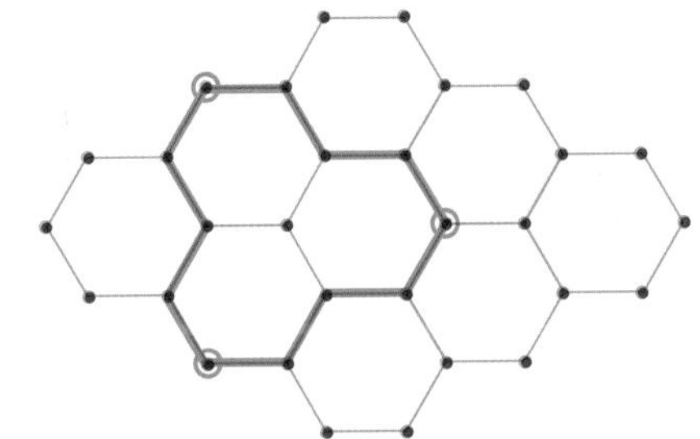

각 점 사이의 최단 경로 : 4칸

각 점 사이의 최단 경로 : 6칸

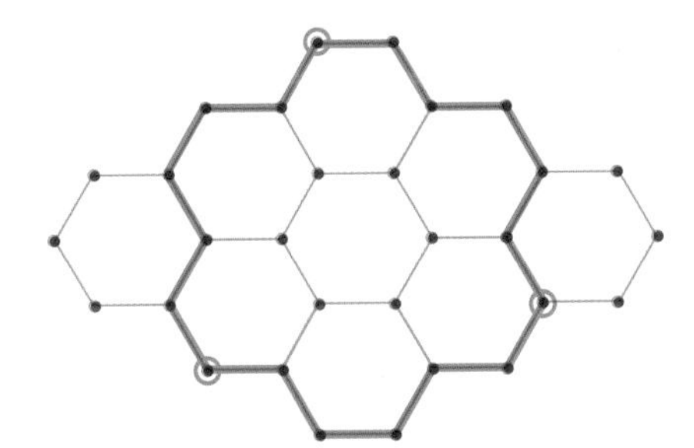

각 점 사이의 최단 경로 : 6칸

[해설]

다양한 방법으로 점의 위치를 나타낼 수 있다.

02 [모범답안]

• 풀이 과정

정사각형은 9+4+1=14(개)이다.

직사각형은 12+6+4=22(개)이다.

사다리꼴은 2+5+4+1+1=13(개)이다.

따라서 크고 작은 사각형의 개수는 14+22+13=49(개)이다.

• 정답 : 49개

[해설]

• 정사각형의 개수

−(1×1) 정사각형의 개수 : 9개

−(2×2) 정사각형의 개수 : 4개

−(3×3) 정사각형의 개수 : 1개

• 직사각형의 개수

−(1×2) 직사각형의 개수 : 12개

−(1×3) 직사각형의 개수 : 6개

−(2×3) 직사각형의 개수 : 4개

• 사다리꼴의 개수

−도형 1개로 이루어진 사다리꼴의 개수 : 2개

−도형 2개로 이루어진 사다리꼴의 개수 : 5개

−도형 3개로 이루어진 사다리꼴의 개수 : 4개

−도형 4개로 이루어진 사다리꼴의 개수 : 1개

−도형 5개로 이루어진 사다리꼴의 개수 : 없음

−도형 6개로 이루어진 사다리꼴의 개수 : 1개

03 [모범답안]

• 풀이 과정

빛이 거울에서 반사될 때 입사각과 반사각은 같다.

거울과 빛이 이루는 각은 다음과 같다.

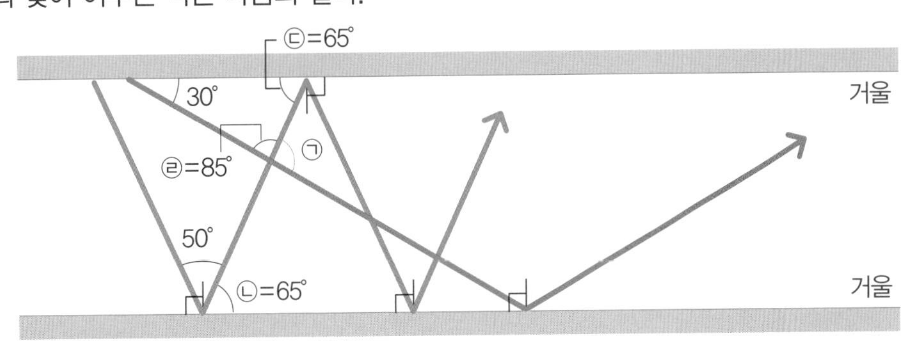

ⓑ$=90°-25°=65°$

ⓒ=ⓑ$=65°$

ⓓ$=180°-30°-65°=85°$

ⓐ$=180°-85°=95°$

• 정답 : 95°

[해설]

거울 면에 빛이 도달하면 거울에서 반사되어 되돌아 나온다. 이때 들어오는 빛과 나아가는 빛이 거울 면에 수직인 선(법선)과 이루는 각은 항상 같다.

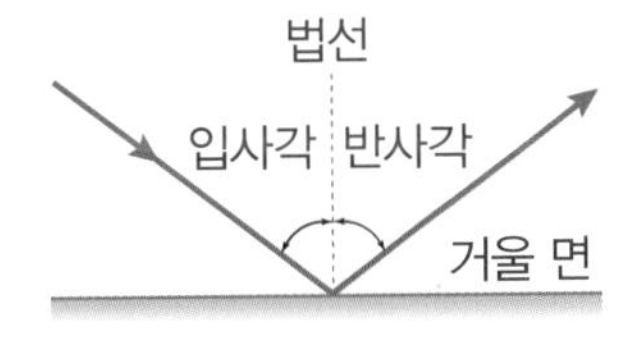

04 (1) [모범답안]

• 풀이 과정

영화 (라) 2회차가 끝나는 시각은 2 : 35~3 : 25 사이이고,

이 사이에 시침과 분침이 이루는 각도가 90°가 되는 경우는 3시 정각이다.

따라서 영화 (라)의 상영 시간은 3시−1시 35분=1시간 25분이다.

• 정답 : 1시간 25분

[해설]

2 : 35부터 3 : 00 전까지는 시침과 분침이 이루는 작은 각의 각도가 90°보다 크고, 3 : 00 후부터 3 : 25까지는시침과 분침이 이루는 작은 각의 각도가 90°보다 작다.

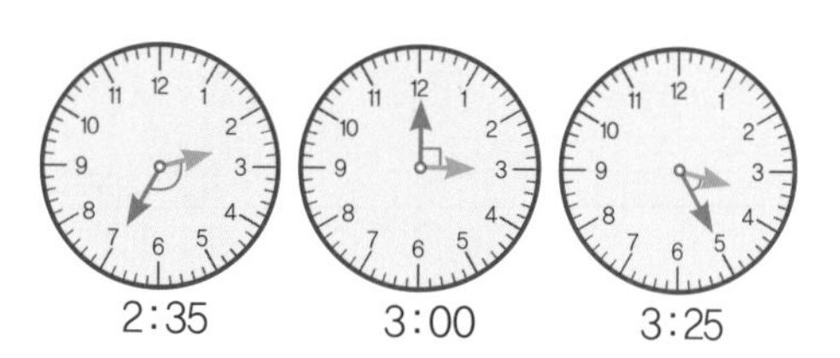

(2) [모범답안]

• 풀이 과정

각 영화가 끝나는 시각은

영화 (가)가 끝나는 시각은 1시 10분+1시간 30분=2시 40분,

영화 (나)가 끝나는 시각은 1시 25분+1시간 25분=2시 50분,

영화 (다)가 끝나는 시각은 1시 20분+1시간 50분=3시 10분,

영화 (라)가 끝나는 시각은 1시 35분+1시간 25분=3시(정각)이다.

시침과 분침이 이루는 작은 쪽의 각도 중 가장 큰 것은 영화 (가)이고,

가장 작은 것은 영화 (다)이다.

영화 (가)의 각도는 $180-5\times4=160(°)$이고,

영화 (다)의 각도는 $30+5=35(°)$이다.

• 정답 : 각도가 가장 큰 영화는 (가) 160°, 각도가 가장 작은 영화는 (다) 35°

[해설]

아날로그 시계의 큰 눈금 한 칸이 이루는 각도는 30°이며,

시침은 1시간에 30°, 30분에 15°, 10분에 5°, 5분에 2.5°씩 움직인다.

05 [예시답안]

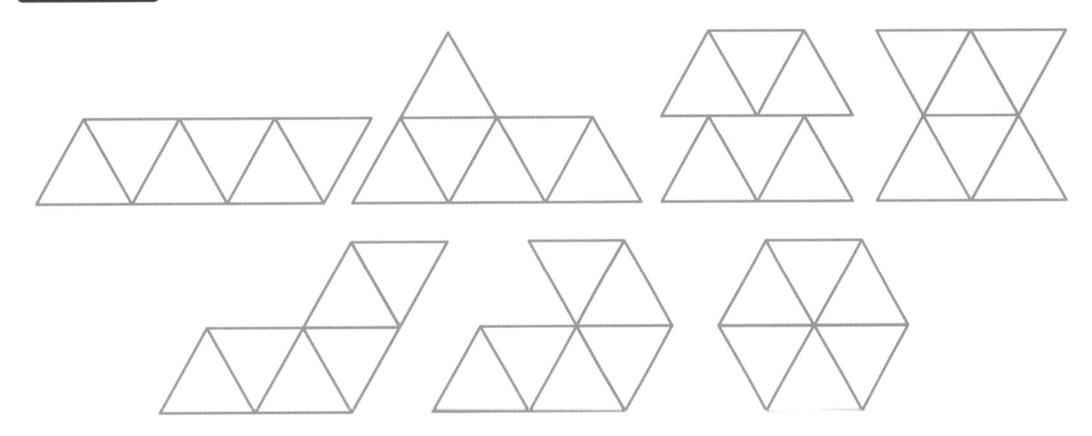

06 [예시답안]

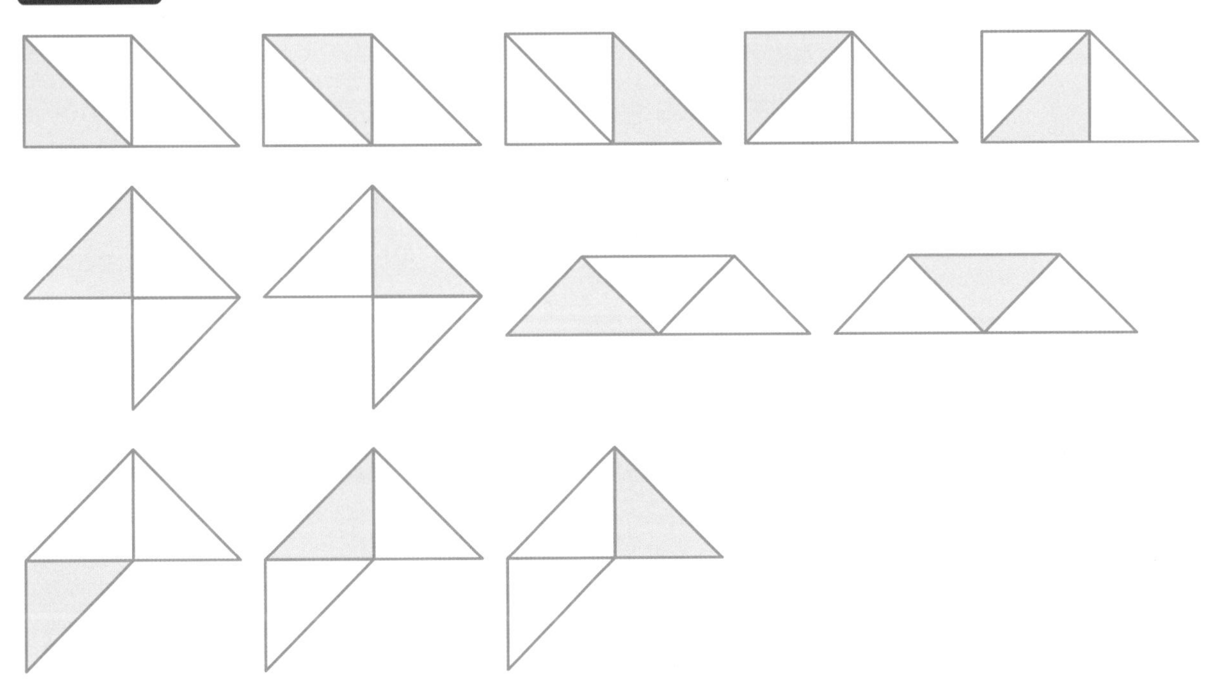

07 **(1)** **[모범답안]**

- 풀이 과정

경로 1 속력 $=168\div2\frac{1}{3}=168\div\frac{7}{3}=168\times\frac{3}{7}=72$(km/h)

경로 2 속력 $=171\div3\frac{1}{6}=171\div\frac{19}{6}=171\times\frac{6}{19}=54$(km/h)

따라서 두 경로의 속력 차는 $72-54=18$(km/h)이다.

- 정답 : 18 km/h

(2) **[예시답안]**

- 목적지에 도착할 시간을 예상할 수 있다.
- 실시간 상황을 경로 선택에 반영해 가장 빨리 목적지에 도착할 수 있다.
- 정체 구간을 피해 다른 경로로 돌아갈 수 있다.
- 교통 상황을 색상별로 표시해 진입 예정인 도로의 교통 정보를 확인할 수 있다.
- 실시간 교통 상황을 한눈에 알기 쉽다.

[해설]

차량용 내비게이션은 DMB 방송 주파수를 이용해 정보를 받는 과정에서 시간이 소요되므로 실제 교통 정보보다 10~15분 정도 늦다. 기존의 DMB 방송 주파수를 이용하므로 별도의 장비가 필요가 없지만, DMB의 수신이 잘 되는 곳에서만 수신이 된다. 스마트폰 내비게이션 앱은 인터넷 데이터로 정보를 받는 과정에서 시간이 소요되므로 실제 교통 상황보다 5분 정도 늦다. 스마트폰의 인터넷망을 통해 수신하므로 데이터 요금이 발생한다. 내비게이션마다 경로가 다른 것은 길 찾기를 연산하는 알고리즘의 차이 때문이다. 경로를 탐색할 때 교통 정보의 반영 비율을 얼마로 할지, 도로의 크기를 얼마나 반영할지, 도착 시간을 중요하게 반영할지, 주행 거리를 중요하게 반영할지 등은 내비게이션 회사마다 다르게 설정하므로 경로가 다르게 나타난다.

규칙과 문제해결 ①

수학 사고력

01 [예시답안]

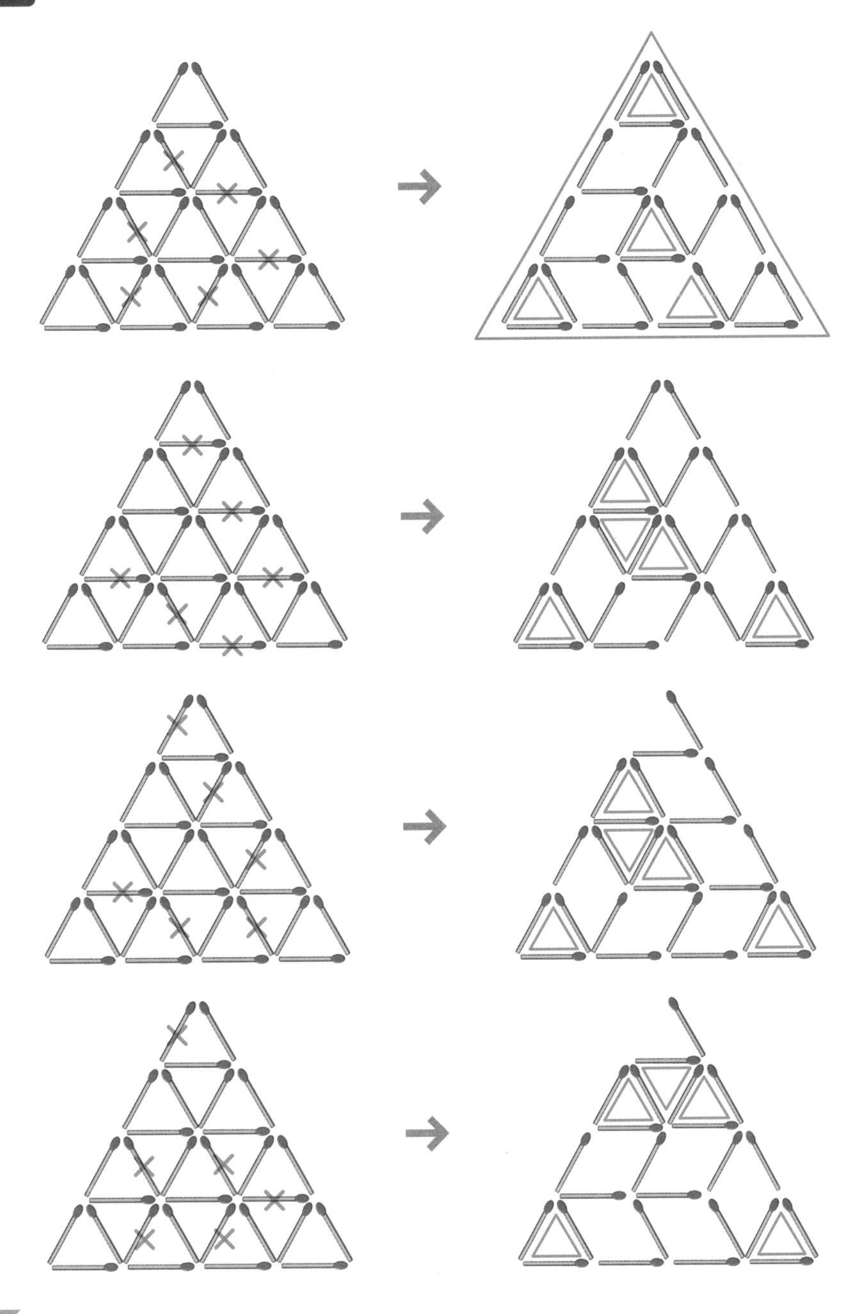

[해설]

다양한 방법으로 만들 수 있다.

02 [모범답안]

물의 양(L) \ 수조	①	②	③	④	옮기는 방법
처음	1	2	3	4	–
1번	1	4	3	2	④에서 ②로 2 L 옮긴다.
2번	1	3	4	2	②에서 ③으로 1 L 옮긴다.
3번	1	3	2	4	③에서 ④로 2 L 옮긴다.
4번	4	3	2	1	④에서 ①로 3 L 옮긴다.
마지막	4	3	2	1	–

03 (1) [모범답안]

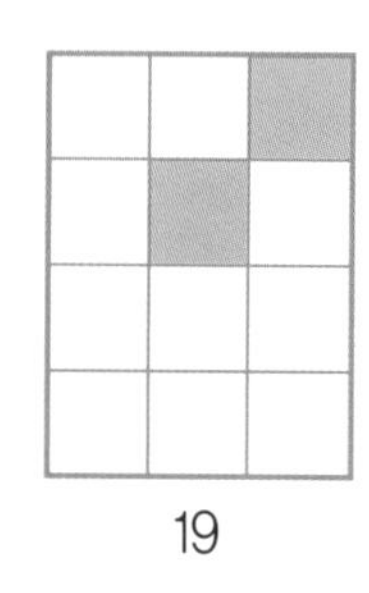

19

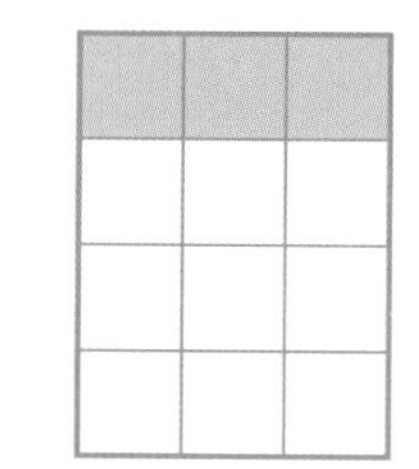

나타내는 수 : (124   )

(2) [모범답안]

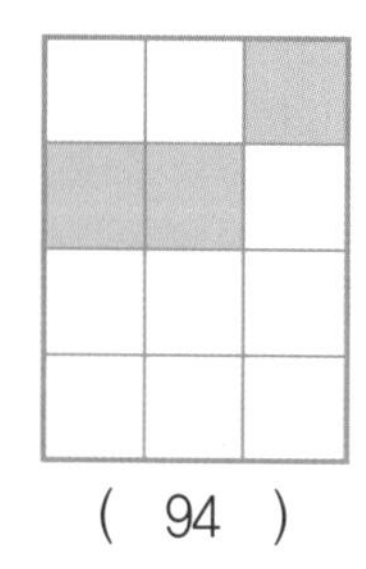

(94   )

–

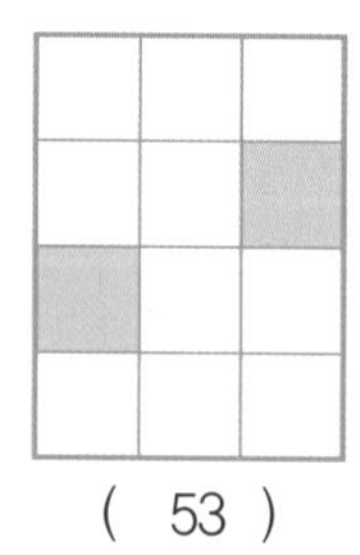

(53   )

=

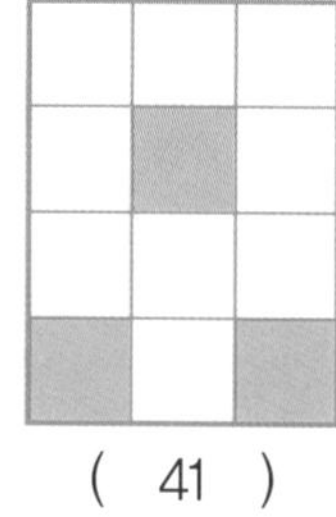

(41   )

[해설]

〈도형을 색칠하여 수를 나타낸 규칙〉

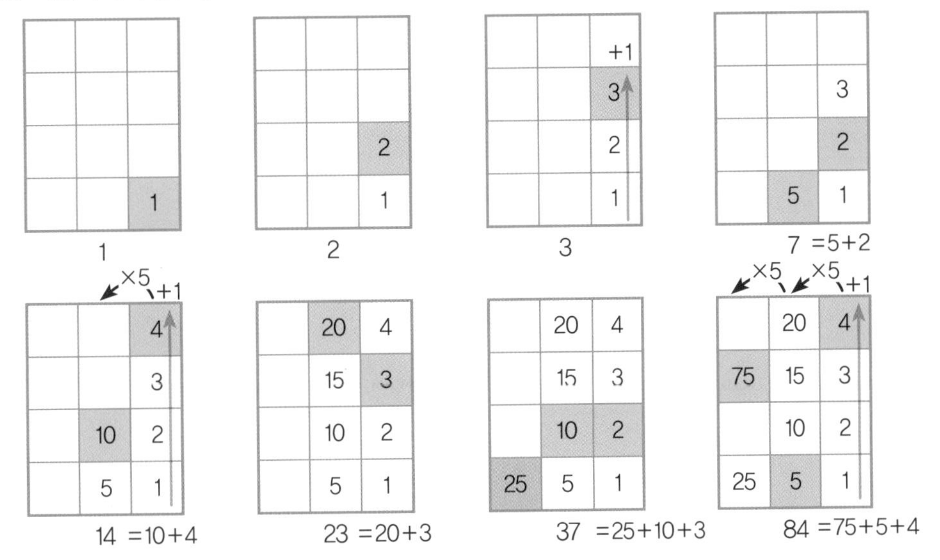

오른쪽 세로줄은 아래에서부터 1부터 시작하여 1칸씩 위로 갈수록 1씩 커진다. → 1, 2, 3, 4
오른쪽 세로줄의 수의 5배는 가운데 세로줄의 수이며, 가운데 세로줄의 수의 5배는 왼쪽 세로줄의 수이다.

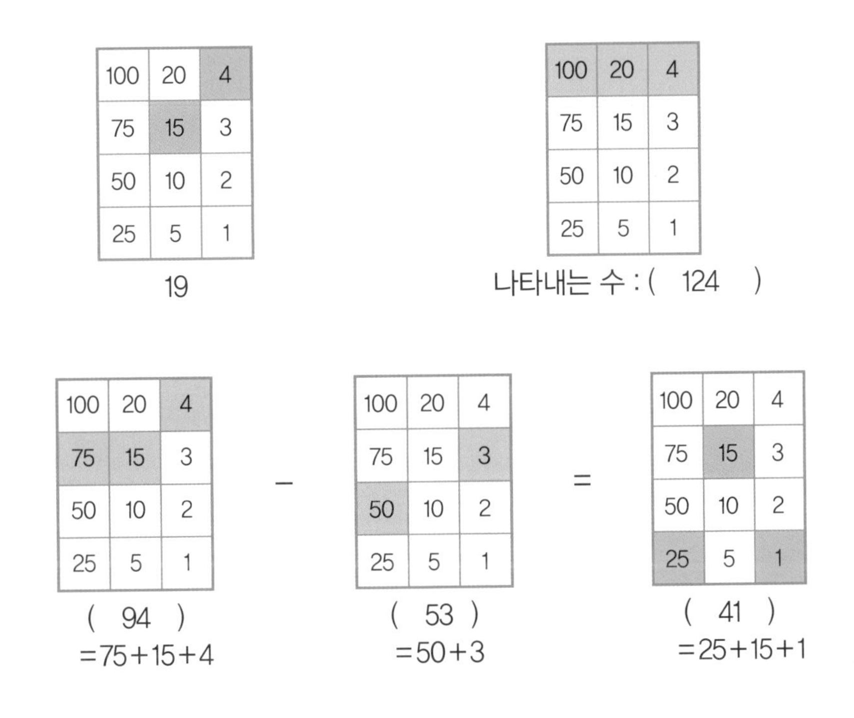

04 [예시답안]

○		○		
	○		○	
○				○
	○			○
		○	○	

○			○	
	○	○		
			○	○
	○			○
○		○		

○		○		
	○		○	
	○			○
		○		○
○			○	

○		○		
○			○	
	○		○	
	○			○
		○		○

	○		○	
○	○			
		○		○
		○		○
○			○	

[해설]

다양한 방법으로 나타낼 수 있다.

05 [예시답안]

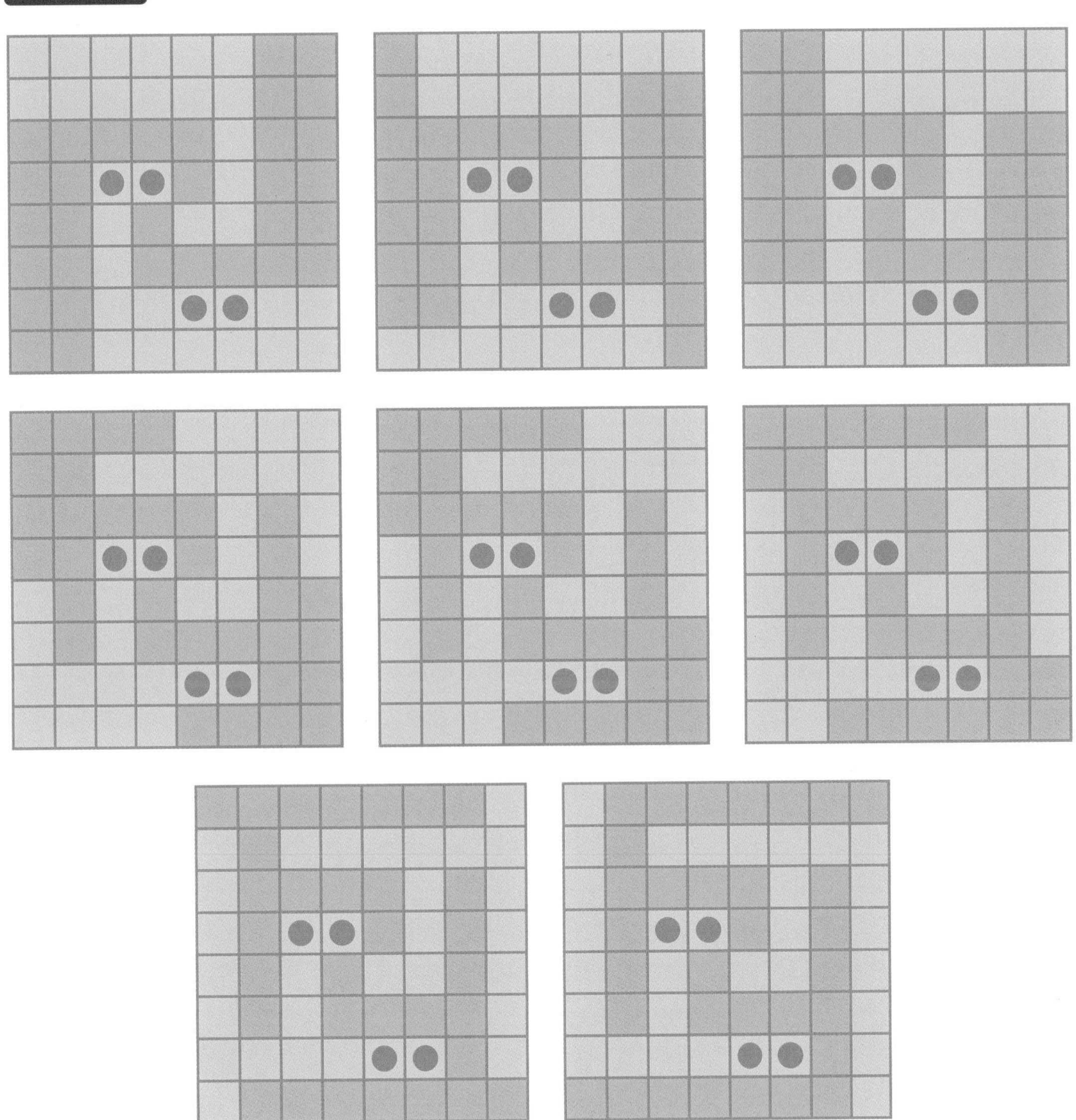

[해설]

①~④를 고정하고 나머지 부분을 조금씩 바꾸면 여러 가지 모양으로 나눌 수 있다.

④
③
①
②

06 [예시답안]

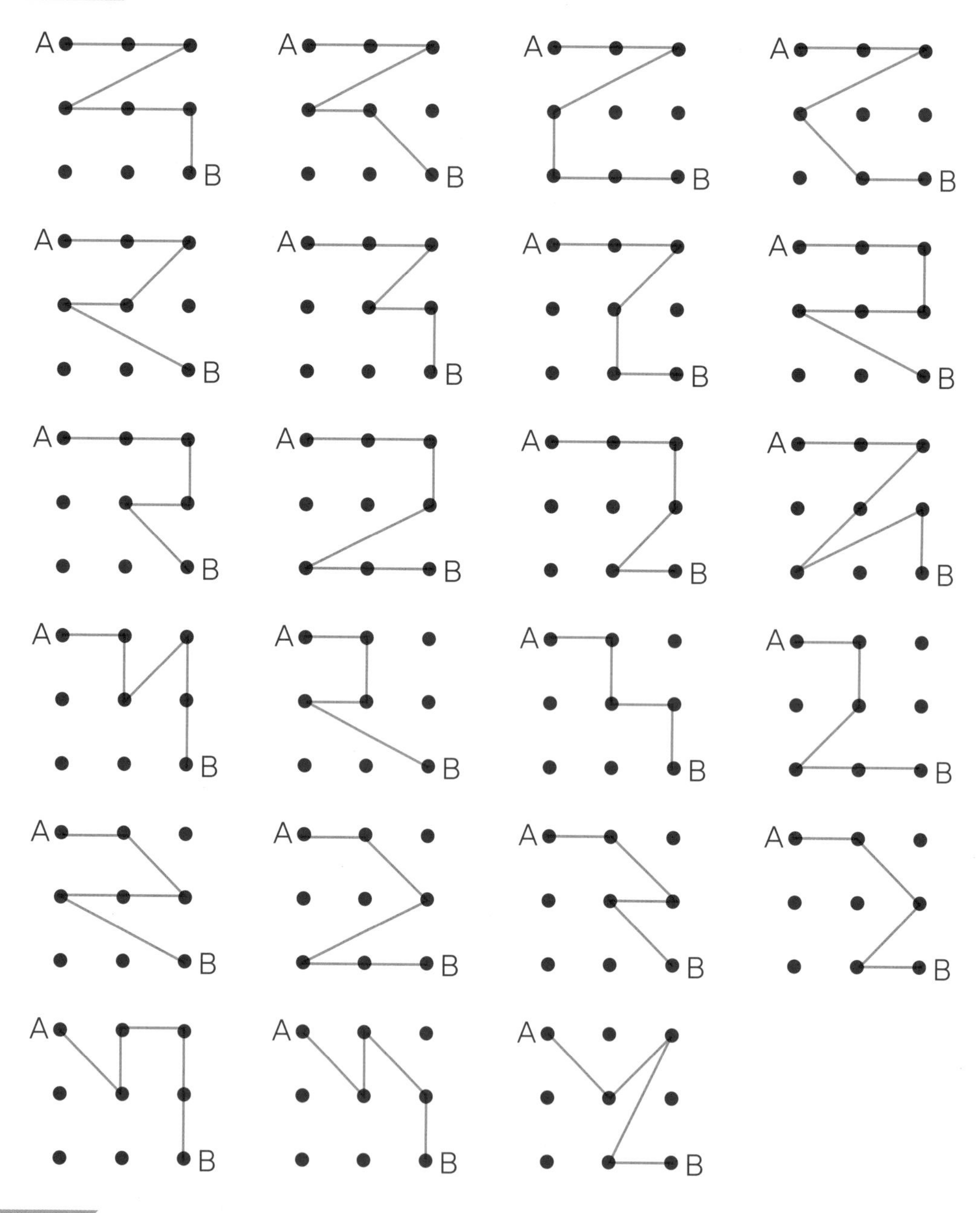

[해설]

다양한 방법으로 그릴 수 있다. 16가지에 대칭인 경우가 포함되지 않도록 주의해야 한다.

융합 사고력

07 (1) [모범답안]

- 나이가 적을수록 기초대사량이 높다.
- 키가 클수록 기초대사량이 높다.
- 남자가 여자보다 기초대사량이 높다.
- 체중이 많을수록 기초대사량이 높다.

[해설]

- A와 B를 비교하면 나이가 적을수록 기초대사량이 높다는 것을 알 수 있다.
- A와 E를 비교하면 키가 클수록 기초대사량이 높다는 것을 알 수 있다.
- C와 D를 비교하면 남자가 기초대사량이 높다는 것을 알 수 있다.
- C와 E를 비교하면 C가 나이가 많지만 기초대사량이 높으므로 체중이 많을수록 기초대사량이 높다는 것을 알 수 있다.

기초대사량은 개인의 신체 조건에 따라 차이가 있지만
남자=66.47+(13.75×체중)+(5×키)−(6.76×나이),
여자=655.1+(9.56×체중)+(1.85×키)−(4.686×나이)로 구한다.
기초대사량은 나이, 성별, 키, 체중뿐만 아니라 개인의 신진대사율, 근육량,질병 등 다양한 이유로 개인마다 다르다.

(2) [예시답안]

- 규칙적인 식사를 한다.
- 음식을 조금씩 자주 먹는다.
- 지방보다 단백질을 많이 먹는다.
- 운동을 해 근육량을 늘린다.
- 충분히 잔다.
- 물을 많이 마신다.
- 체온을 높인다.

[해설]

식사를 거르거나 과식이나 폭식하는 습관은 근육량을 감소시키고 신진대사를 방해하여 기초대사량을 낮춘다. 근육이 많은 몸은 신체를 유지하고 활동하는데 많은 에너지를 소비하므로 기초대사량이 높다. 수면 부족은 원활한 신진대사를 방해해서 기초대사량을 낮춘다. 물은 신체 내 장기의 활동을 활발하게 만들어 신진대사가 활발해지므로 기초대사량을 높인다. 하루에 2 L 정도 마시는 것이 좋다. 규칙적인 운동, 반신욕, 일광욕 등으로 체온을 상승시키면 신진대사와 혈액순환이 좋아져 기초대사량이 높아진다.

6강 규칙과 문제해결 ②

01 (1) [모범답안]

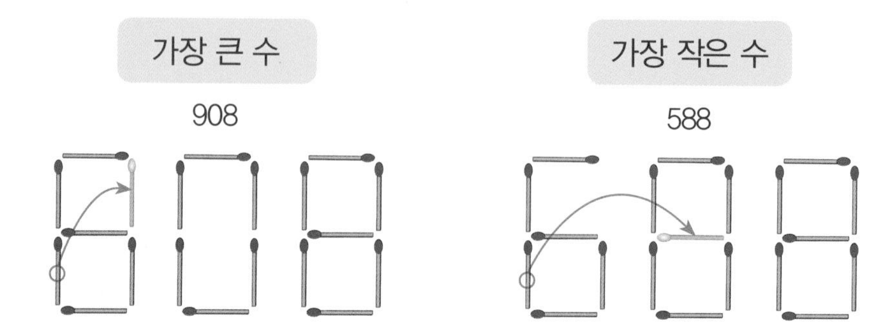

(2) [모범답안]

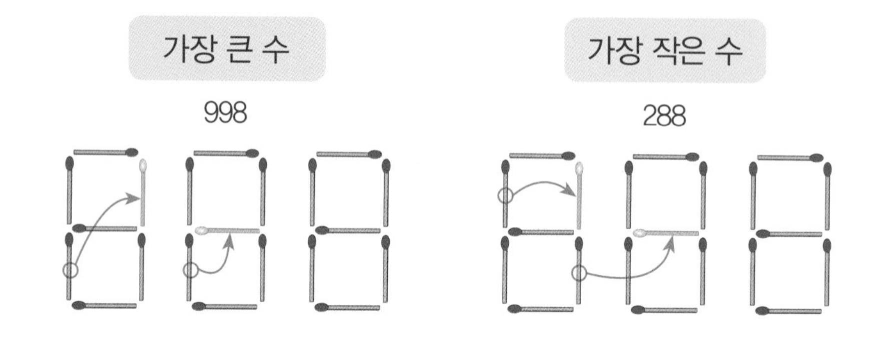

02 (1) [모범답안]

• 풀이 과정

첫 번째 정육각형의 개수 : 1개

두 번째 정육각형의 개수 : 1+6=7(개)

세 번째 정육각형의 개수 : 1+6+12=19(개)

한 단계씩 늘어날 때마다 정육각형의 개수가 6개씩 많아진다.

따라서 네 번째의 정육각형의 개수는 1+6+12+18=37(개)이다.

• 정답 : 37개

(2) [모범답안]

• 풀이 과정
한 단계씩 늘어날 때마다 정육각형의 개수가 6개씩 많아진다.
1+6+12+18+24+30+36=127(개)이므로 일곱 번째이다.
• 정답 : 일곱 번째

03 (1) [모범답안]

• 풀이 과정
각 원의 지름과 지름의 합은 다음 표와 같다.

구분	첫 번째	두 번째	세 번째	네 번째	다섯 번째	여섯 번째	일곱 번째
지름	2	6	12	36	72	216	432
합	2	8	20	56	128	344	776

일곱 번째 원까지의 합에서 일곱 번째 원의 지름을 빼면 344 cm이므로 가장 큰 원은 일곱 번째 원이다.
따라서 가장 큰 원의 지름은 432 cm이다.
• 정답 : 432 cm

(2) [모범답안]

• 풀이 과정
가장 바깥 원의 지름이 216 cm인 것은 여섯 번째 원이고,
점수는 바깥쪽부터 1점, 2점, 3점, 4점, 5점, 6점이다.
3번을 모두 맞혔을 때 총점이 16점이 되는 경우는 6+6+4와 6+5+5이다.
따라서 경우의 수는 (6, 6, 4), (6, 4, 6), (4, 6, 6), (6, 5, 5), (5, 6, 5), (5, 5, 6) 모두 6가지이다.
• 정답 : 6가지

04 [모범답안]

• 풀이 과정

첫 번째 : 81개 → 27개, 54개

두 번째 : 27개 → 9개, 18개

54개 → 18개, 36개

세 번째 : 9개 → 3개, 6개

18개×2 → (6개, 12개)×2

36개 → 12개, 24개

네 번째 : 3개 → 1개, 2개

6개×3 → (2개, 4개)×3

12개×3 → (4개, 8개)×3

24개 → 8개, 16개

따라서 나누어진 도막의 개수는 1개×1, 2개×4, 4개×6, 8개×4, 16개×1이므로

모두 1+4+6+4+1=16(도막)이다.

• 정답 : 16도막

05 [예시답안]

• 10 → 9 → 3 → 1
• 164 → 82 → 81 → 27 → 9 → 3 → 1
• 235 → 234 → 117 → 39 → 13 → 12 → 4 → 2 → 1
• 235 → 234 → 78 → 26 → 13 → 12 → 4 → 2 → 1

[해설]

• 10 : 10−1=9, 9÷3=3, 3÷3=1
• 164 : 164÷2=82, 82−1=81, 81÷3=27, 27÷3=9, 9÷3=3, 3÷3=1
• 235 : 235−1=234, 234÷2=117, 117÷3=39, 39÷3=13, 13−1=12, 12÷3=4, 4÷2=2, 2−1=1 또는 2÷2=1
• 235 : 235−1=234, 234÷3=78, 78÷3=26, 26÷2=13, 13−1=12, 12÷3=4, 4÷2=2, 2−1=1 또는 2÷2=1

06 [예시답안]

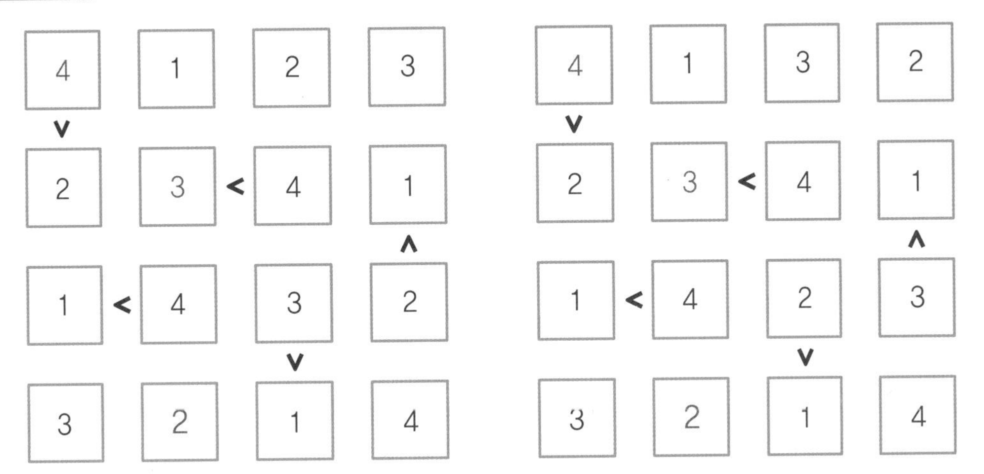

[해설]

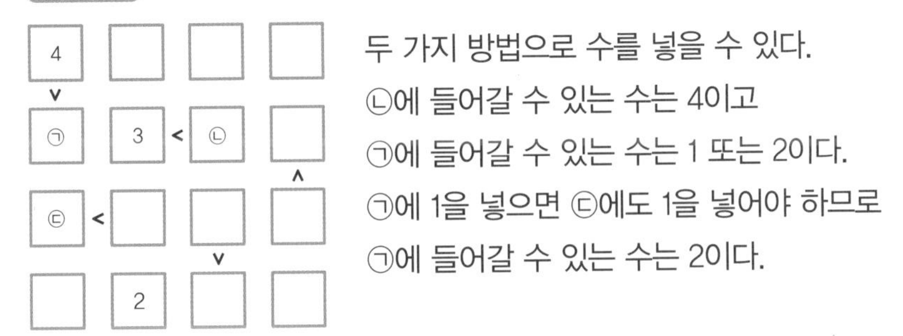

두 가지 방법으로 수를 넣을 수 있다.
㉡에 들어갈 수 있는 수는 4이고
㉠에 들어갈 수 있는 수는 1 또는 2이다.
㉠에 1을 넣으면 ㉢에도 1을 넣어야 하므로
㉠에 들어갈 수 있는 수는 2이다.

07 (1) [모범답안]

- 온도가 높아지면 미세먼지 농도가 높아진다.
- 바람이 약하게 불 때 미세먼지 농도가 높아진다.
- 안개가 짙을수록 미세먼지 농도가 높아진다.

[해설]

바람이 강하게 불면 미세먼지가 흩어져 농도가 낮아진다. 최근 지구온난화에 의해 극지방의 빙하가 녹으면서 극지방과 유라시아 대륙의 온도 차가 감소해 겨울철 북서계절풍의 풍속이 약해져 미세먼지 농도가 높은 날이 많아지고 있다. 지난 30년간 14 m/s 이상의 강풍이 부는 날이 20 %로 감소하면서 미세먼지 농도가 높아졌다. 일반적으로 지표면에 가까운 공기는 따뜻하고, 높은 곳일수록 차갑다. 이런 날은 지상에서 발생한 미세먼지가 높은 상공으로 잘 흩어진다. 그러나 지표면의 공기보다 높은 곳의 공기가 더 따뜻한 특이한 날에는 안개가 잘 생기고 지상에서 발생한 미세먼지가 잘 확산되지 않고 지표면에 오랫동안 머물기 때문에 미세먼지 농도가 높아진다. 이런 날은 대부분 기온이 낮은 추운 날씨에서 갑자기 기온이 올라가는 날이다. 따라서 늦은 겨울 또는 이른 봄에 미세먼지 농도가 높은 날이 많고, 매우 추운 날이나 여름에는 미세먼지 농도가 높아지지 않는다. 또한, 여름에는 비가 많이 내려서 미세먼지와 같은 대기오염 물질이 빗방울에 씻겨 제거되므로 대기가 깨끗해져 미세먼지 농도가 낮아진다.

(2) [예시답안]

- 미세먼지의 주요 원인 물질인 질소 산화물과 황 산화물 관리를 철저히 한다.
- 질소 산화물과 황 산화물의 발생량을 줄이기 위해 노력한다.
- 미세먼지 배출량이 많은 노후된 경유 차에 미세먼지 저감 장치를 설치하거나 새 경유 차로 교체할 수 있도록 정부에서 보조금을 지원한다.
- 사업장이나 공사장의 미세먼지 배출에 대한 관리를 철저히 한다.
- 석탄이나 석유와 같은 화석연료 대신 신 • 재생에너지를 사용한다.
- 도시 숲을 설치해 공기 질을 높인다.
- 친환경 자동차의 이용을 권장해 다양한 혜택을 제공한다.
- 대중교통을 많이 이용할 수 있도록 다양한 혜택을 제공한다.
- 이산화 탄소나 미세먼지 같은 오염원 배출 정도로 환경 등급을 세워 지원금 및 부담금 제도를 만든다.
- 보행자와 자동차 사이에 식물 벽을 설치해서 미세먼지와 오염 물질을 희석하고 분산시킨다.
- 실내에 공기 정화 식물을 키워 실내 미세먼지를 제거한다.
- 공기 정화 기능을 갖춘 드론을 개발하여 미세먼지를 제거한다.
- 미세먼지 농도가 높은 날은 차량 2부제를 실시한다.
- 미세먼지 농도가 높은 날은 배출가스 5등급 차량 운행을 제한한다.
- 자동차의 연료를 전기나 수소로 대체한다.
- 가까운 거리는 차를 타지 않고 걸어 다닌다.

[해설]

다양한 노력으로 미세먼지 평균 농도는 낮아지고 있지만, 고농도 미세먼지의 발생 빈도는 오히려 늘어나고 있다. 산업체뿐만 아니라 차량, 철도, 선박 등의 이동 수단에서 발생하는 질소 산화물과 황 산화물의 발생량을 줄이는 정책도 필요하다.

7강 논리와 확률 통계 ①

01 [예시답안]

• 풀이 과정

가장 큰 수가 되려면 일의 자리 숫자는 0이어야 하고,
큰 숫자부터 순서대로 숫자 4개를 선택했을 때 합이 23이 되면 된다.
이를 만족하는 경우는 9+8+5+1=23이므로 가장 큰 다섯 자리 수는 98510이다.

• 정답 : 98510

02 (1) [모범답안]

• 풀이 과정

(가로 번호)+(세로 번호)=39가 되는 경우는 (28, 11), (26, 13), ⋯, (14, 25), (12, 27)이다.
11부터 27까지 홀수의 개수는 (27−11)÷2+1=9(개)이다.
따라서 집 주소 앞자리와 뒷자리를 더해 39가 되는 곳은 모두 9개이다.

• 정답 : 9개

(2) [모범답안]

• 풀이 과정

첫 번째 줄에 있는 집의 가로 번호는 같고, 세로 번호는 2씩 커진다.
첫 번째 줄 왼쪽 집의 가로 번호를 □, 세로 번호를 ○라고 하면,
□×(○+4)−□×○=56,
□×○+□×4−□×○=56,
□×4=56, □=14이므로 가로 번호는 14, 16, 18이다.
세 번째 줄 오른쪽 집의 전화번호 앞자리 십의 자리 수만 5이므로
18+○+4≥50, ○≥28이고
세로 번호는 홀수이므로 ○=29이며 세로 번호는 29, 31, 33이다.
따라서 가운데 집은 (16, 31)이며 주소는 16−31이다.

○ ○+2 ○+4
□
□+2
□+4

• 정답 : 16−31

수학 사고력

03 [모범답안]

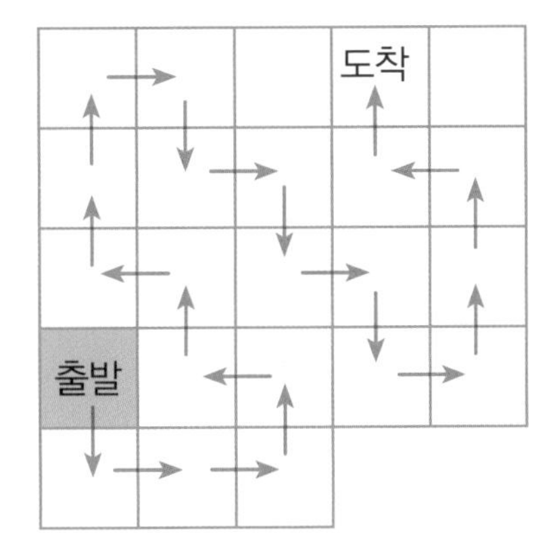

수학 사고력

04 (1) [모범답안]

- 풀이 과정

  5개 수의 합이 최대가 되려면 자리수가 많은 수가 있어야 하므로

  8개의 숫자를 가장 큰 네 자리 수 1개와 한 자리 수 4개로 자른다.

  4 / 1 / 3 / 6582 / 7 → 4+1+3+6582+7=6597

  5개 수의 합이 최소가 되려면 자리수가 적은 수가 많아야 하므로

  8개의 숫자를 가장 작은 두 자리 수 3개와 한 자리수 2개로 자른다.

  4 / 13 / 6 / 58 / 27 → 4+13+6+58+27=108
- 정답 : 가장 큰 수 6597, 가장 작은 수 108

(2) [모범답안]

- 풀이 과정

  5개 수의 합이 500에 가장 가까우려면

  500에 가까운 세 자리 수 1개, 두 자리 수 1개, 한 자리 수 2개로 잘라야 한다.

  500에 가까운 세 자리 수는 413이고, 만들 수 있는 두 자리 수는 65, 58, 82, 27이다.

  413 / 65 / 8 / 2 / 7 → 413+65+8+2+7=495

  413 / 6 / 58 / 2 / 7 → 413+6+58+2+7=486

  413 / 6 / 5 / 82 / 7 → 413+6+5+82+7=513

  413 / 6 / 5 / 8 / 27 → 413+6+5+8+27=459

  이 중 500에 가장 가까운 수는 495이다.
- 정답 : 495

05 (1) [모범답안]

• 풀이 과정

각 단계별 정삼각형의 개수는 다음과 같다.

구분	처음	첫 번째	두 번째	세 번째	네 번째
개수(개)	1	$1\times3=3$	$3\times3=9$	$9\times3=27$	$27\times3=81$

• 정답 : 81개

(2) [모범답안]

• 풀이 과정

각 단계별 정삼각형의 개수는 다음과 같다.

구분	처음	첫 번째	두 번째	세 번째	네 번째
길이(cm)	$96\div3=32$	$32\div2=16$	$16\div2=8$	$8\div2=4$	$4\div2=2$

네 번째에서 남은 정삼각형의 한 변의 길이는 2 cm이므로

작은 정삼각형의 모든 변의 길이의 합은 $2\times3\times81=486$(cm)이다.

• 정답 : 486 cm

(3) [모범답안]

• 풀이 과정

다섯 번째에서 없어지는 정삼각형의 개수는

네 번째에서 남은 정삼각형의 개수와 같으므로 81개이고,

변의 길이는 네 번째의 정삼각형 한 변의 길이의 절반이므로 $2\div2=1$(cm)이다.

따라서 다섯 번째에서 없어지는 정삼각형의 모든 변의 길이의 합은

$1\times3\times81=243$(cm)이다.

• 정답 : 243 cm

수학 사고력

06 [모범답안]

〈가장 무거울 때〉

- 풀이 과정

  가장 무거운 추부터 양쪽에 한 개씩 번갈아 올리면

  (10, 8, □)와 (9, 7, □)가 되고 2 g 차이가 난다.

  따라서 (10, 8, 4)와 (9, 7, 6)으로 올리면 수평이 된다.

- 정답 : (10, 8, 4)－(9, 7, 6)

〈가장 가벼울 때〉

- 풀이 과정

  가장 가벼운 추부터 양쪽에 한 개씩 번갈아 올리면

  (1, 3, □)와 (2, 4, □)가 되고 2 g 차이가 난다.

  따라서 (1, 3, 7)과 (2, 4, 5)으로 올리면 수평이 된다.

- 정답 : (1, 3, 7)－(2, 4, 5)

융합 사고력

07 (1) [모범답안]

- 풀이 과정

  초성＋중성으로 이루어진 글자의 수＝19×21＝399

  초성＋중성＋종성으로 이루어진 글자의 수＝19×21×27＝10773

  따라서 현대 한글의 모든 글자 수는 399＋10773＝11172(개)이다.

- 정답 : 11172개

[해설]

111172개의 글자 중 자주 사용되는 글자는 약 2350개로 매우 적다. 현대 한글의 글자 수를 모두 정리하는 것은 컴퓨터 글꼴을 제작할 때 유용하다.

(2) [예시답안]

- 들리는 대로 적을 수 있다.
- 세계에서 가장 많은 발음을 표기할 수 있다.
- 한 글자의 소리가 한 개뿐이므로 발음을 분명하게 표시할 수 있다.
- 스마트폰과 같은 기계화에 적합하다.
- 자음과 모음의 원리가 간단해 배우기 쉽다.
- 모음과 받침이 있어서 단어를 표기하는 공간이 절약된다.

[해설]

한글의 자음은 발음 기관의 모양을 본떠 만들었다. ㅁ은 입술, ㅇ은 목구멍, ㅅ은 이빨, ㄱ은 혀뿌리가 목구멍을 막는 모양, ㄴ은 혀가 윗잇몸에 닿는 모양을 본떠 만들었다. 이 5가지 기본자에서 획을 더하거나 조합해서 자음이 완성되었다. 한글의 모음은 '하늘, 땅, 사람'을 형상화한 'ㆍ, ㅡ, ㅣ'를 기본 글자로 하고 획을 더하거나 조합해서 만들었다. 14개의 자음과 10개의 모음을 조합하여 11172개의 글자와 2667개의 소리를 나타낼 수 있다. 일본어는 300개, 중국어는 400여 개의 소리밖에 나타내지 못한다. 한자는 글자 개수가 많아 평생 글자를 배워도 완벽하게 다 익히기 어렵다. 영어의 알파벳도 한글처럼 표음 문자이지만 주변 글자에 따라 다른 소리를 내고 단어를 표기하려면 알파벳을 길게 나열해야하므로 효율성이 떨어진다. 한글은 언제 어디서나 같은 소리를 내고 입력하기 편하다.

8강 논리와 확률 통계 ②

01 [모범답안]

• 풀이 과정

㉠에 색칠할 수 있는 색은 4가지,

㉡에 색칠할 수 있는 색은 ㉠에 색칠한 색을 제외한 3가지,

㉢에 색칠할 수 있는 색은 ㉠과 ㉡에 색칠한 색을 제외한 2가지,

㉣에 색칠할 수 있는 색은 ㉠, ㉡, ㉢에 색칠한 색을 제외한 1가지 색과 ㉡에 색칠한 색을 사용할 수 있으므로 2가지이다.

따라서 네 구역을 색칠할 수 있는 방법은 $4\times3\times2\times2=48$(가지)이다.

• 정답 : 48가지

[해설]

㉠을 빨간색으로 칠했을 때 나타날 수 있는 방법은 다음과 같다.

㉠	㉡	㉢	㉣
빨간색	노란색	초록색	파란색
		초록색	노란색
		파란색	초록색
		파란색	노란색
	초록색	노란색	파란색
		노란색	초록색
		파란색	노란색
		파란색	초록색
	파란색	노란색	초록색
		노란색	파란색
		초록색	노란색
		초록색	파란색

㉠을 빨간색으로 칠했을 때 12가지이며, ㉠은 4가지 색으로 칠할 수 있으므로
네 구역을 칠할 수 있는 방법은 $12\times4=48$(가지)이다.

02 [모범답안]

• 풀이 과정

공사 중이어서 지나갈 수 없는 길을 빼고 그리면 다음과 같고,
A에서 각 꼭짓점으로 최단 거리로 가는 가짓수를 적으면 다음과 같다.

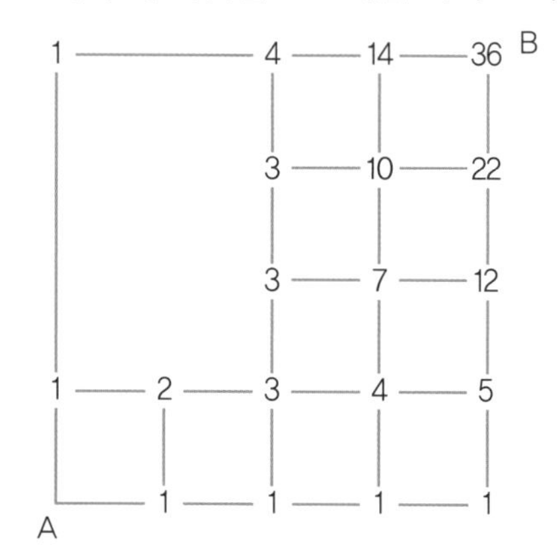

• 정답 : 36가지

[해설]

오른쪽 그림에서 A에서 B까지 최단 거리로 가는 방법은 6가지이다. A로부터 위와 오른쪽에 있는 꼭짓점에 있는 1은 A에서 해당 꼭짓점까지 최단 거리로 갈 수 있는 방법이 1가지라는 뜻이다. 그 외 꼭짓점에 있는 수들은 왼쪽과 아래에 있는 꼭짓점에 있는 수를 더한 값이다. 이 방식으로 최단 거리로 갈 수 있는 가짓수를 구할 수 있다.

03 [모범답안]

• 풀이 과정

처음에 토기 한 쌍이 번식하면 새끼 4쌍이 생기므로

총 토끼 수는 $2+2\times4=10$(마리)이다.

6개월 후 4쌍의 토끼가 번식하면 새끼 $4\times4=16$(쌍)이 생기므로

총 토끼 수는 $10+2\times16=42$(마리)이다.

1년 후 16쌍의 토끼가 번식하면 새끼 $16\times4=64$(쌍)이 생기므로

총 토끼 수는 $42+2\times64=170$(마리)이다.

1년 6개월 후 64쌍의 토끼가 번식하면 새끼 $64\times4=256$(쌍)이 생기므로

총 토끼 수는 $170+2\times256=682$(마리)이다.

2년 후 256쌍의 토끼가 번식하면 새끼 $256\times4=1024$(쌍)이 생기므로

총 토끼 수는 $682+2\times1024=2730$(마리)이다.

• 정답 : 2730마리

04 [모범답안]

• 풀이 과정

① (나)~(마)에 의해 다음과 같이 나타낼 수 있다.

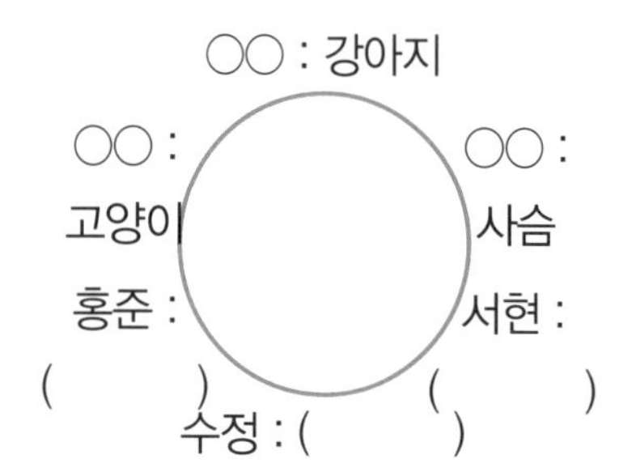

② (가)에 의해 다음과 같이 나타낼 수 있다.

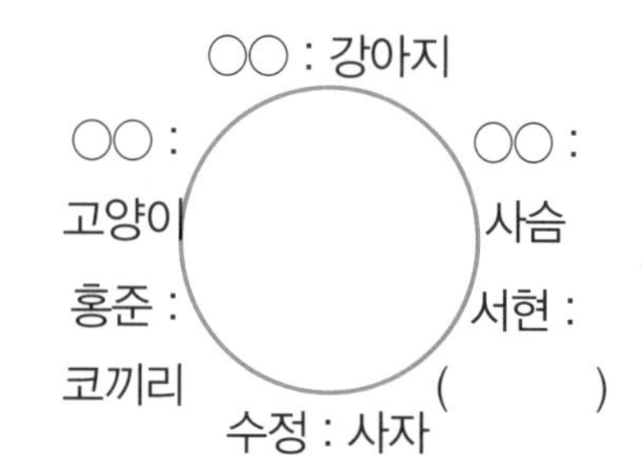

③ (바)에 의해 다음과 같이 나타낼 수 있다.

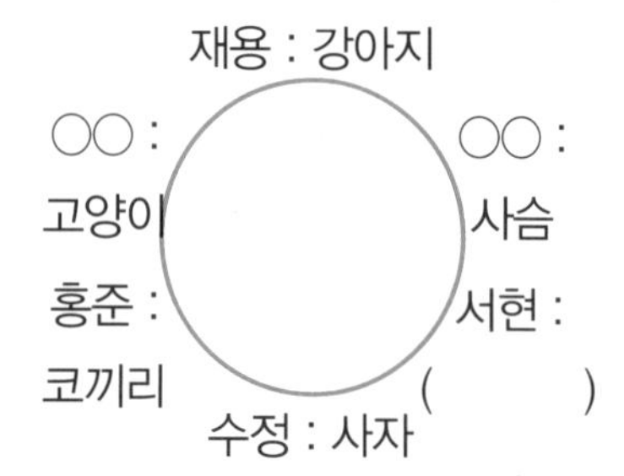

④ (사)에 의해 다음과 같이 나타낼 수있다.

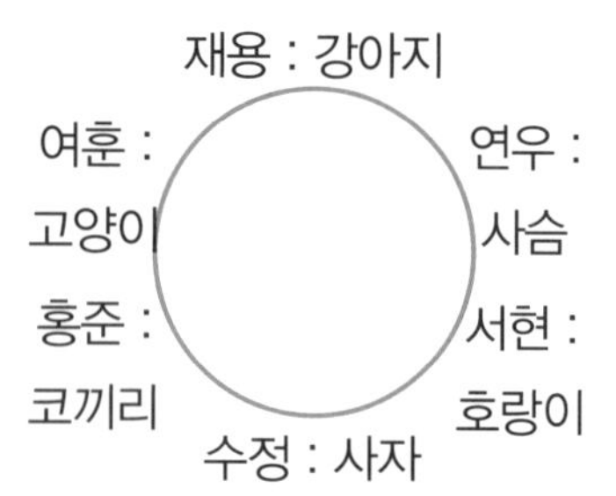

• 정답 :

–홍준 : 코끼리

–서현 : 호랑이

–수정 : 사자

–재용 : 강아지

–여훈 : 고양이

–연우 : 사슴

05 [모범답안]

• 풀이 과정
빨간색 펜 2개를 꺼내는 경우의 수는 4×3÷2=6(가지)이고
파란색 펜 1개를 꺼내는 경우의 수는 2가지이다.
따라서 빨간색 펜 2개와 파란색 펜 1개를 꺼내는 경우는 6×2=12(가지)이다.
• 답 : 12가지

[해설]

빨간색 펜 4개를 ①, ②, ③, ④라고 할 때 2개씩 꺼내는 경우의 수는
(①. ②), (①, ③), (①, ④), (②, ③), (②, ④), (③, ④)으로 6가지이고,
파란색 펜 2개를 ⑤, ⑥이라고 할 때 1개씩 꺼내는 경우의 수는 ⑤, ⑥으로 2가지이다.
따라서 빨간색 펜 2개와 파란색 펜 1개를 꺼내는 경우의 수는
(①. ②, ⑤), (①. ②, ⑥), (①, ③, ⑤), (①, ③, ⑥), (①, ④, ⑤), (①, ④, ⑥),
(②, ③, ⑤), (②, ③, ⑥), (②, ④, ⑤), (②, ④, ⑥), (③, ④, ⑤), (③, ④, ⑥)으로 12가지이다.

06 [예시답안]

구분	1회	2회	3회	4회	5회	총점
시연	21	27	30	27	29	134
진성	25	24	28	29	29	135

구분	1회	2회	3회	4회	5회	총점
시연	22	27	30	27	28	134
진성	25	25	28	29	28	135

구분	1회	2회	3회	4회	5회	총점
시연	23	27	30	25	29	134
진성	25	26	28	27	29	135

[해설]

다양한 방법으로 표를 채울 수 있다.

07 (1) [모범답안]

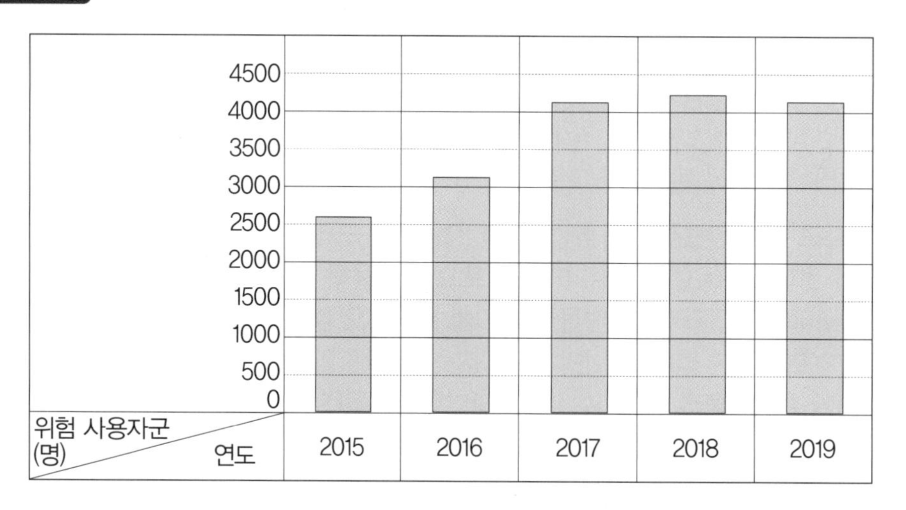

[해설]

연도별 초등학교 4학년 학생의 위험 사용자군을 막대그래프로 나타내야하므로 이에 대한 자료만 뽑으면 다음과 같다. 다음 자료를 바탕으로 막대그래프를 그린다.

연도	4학년 학생의 위험 사용자군(명)
2015	2531
2016	3163
2017	4137
2018	4265
2019	4154

(2) [예시답안]

- 시력이 안 좋아진다. 특히 근시가 심해진다.
- 안구건조증이 생긴다.
- 목디스크나 거북목 증후군이 생긴다.
- 사고력과 지능이 떨어질 수 있다.
- 후천적 ADHD에 걸릴 수 있다.
- 스마트폰의 세균 때문에 피부 트러블이 생길 수 있다.
- 스마트폰을 손으로 만진 뒤 입과 코를 만지면서 세균이나 바이러스가 인체로 옮겨갈 수 있다.
- 전자파와 열에 의해 피부가 노화될 수 있다.
- 스마트폰의 열기로 모세혈관이 확장되어 홍조가 생긴다.
- 불면증에 걸린다.

[해설]

스마트폰 중독이 뇌 발달을 저해하고, 심하면 주의력결핍과잉행동장애(ADHD)로 이어지는 경우도 있다. 스마트폰을 사용할 때는 편한 자세보단 바른 자세가 좋다. 일정 사용 시간이 지나면 눈 건강을 위해 간단한 스트레칭을 한다. 스마트폰을 올바르게 사용하기 위해서는 자신이 스마트폰을 과도하게 사용하지는 않았는지, 이 일로 가족과 다투지는 않았는지 확인하는 것도 중요하다. 만약 스마트폰 과의존이 의심된다면 가족들과의 식사 자리에서는 스마트폰을 자제하고, 정해진 곳에 스마트폰을 보관하는 등 스마트폰과 보내는 시간을 줄이기 위해 노력하는 것이 좋다.

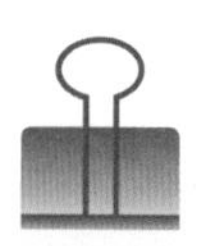

풀이 및 정답

안쌤의 맛있는 영재 시리즈 구성

창의와 사고

펴낸곳 ㈜ 창의와 사고 **펴낸이** 김명현
지은이 안쌤 영재교육연구소(안재범, 최은화, 유나영, 이상호, 추진희, 오아린, 허재이, 이민숙, 이나연, 김혜진)
주소 서울시 성동구 아차산로17길 48 성수 SK V1센터 1동 607호
연락처 02-6124-3478 **쉽고 빠른 카카오톡 실시간 상담 ID** 안쌤영재교육연구소
안쌤 영재교육연구소 네이버 카페 http://cafe.naver.com/xmrahrrhrhghkr